Produktion und Logisti

Reihe herausgegeben von

Diese Reihe dient der Veröffentlichung neuer Forschungsergebnisse auf den Gebieten der Produktion und Logistik. Aufgenommen werden vor allem herausragende quantitativ orientierte Dissertationen und Habilitationsschriften. Die Publikationen vermitteln innovative Beiträge zur Lösung praktischer Anwendungsprobleme der Produktion und Logistik unter Einsatz quantitativer Methoden und moderner Informationstechnologie.

Kontakt

Professor Dr. Thomas S. Spengler
Technische Universität Braunschweig
Institut für Automobilwirtschaft und Industrielle Produktion
Mühlenpfordtstraße 23
38106 Braunschweig

Jens Kärcher

Untersuchung von Machine-Learning-Verfahren zur Lösung von Losgrößenproblemen

Springer Gabler

Jens Kärcher
Wirtschafts- und Sozialwissenschaften
Universität Hohenheim
Stuttgart, Deutschland

Dissertation Universität Hohenheim
D100

ISSN 1431-6846 ISSN 2628-0108 (electronic)
Produktion und Logistik
ISBN 978-3-658-49152-9 ISBN 978-3-658-49153-6 (eBook)
https://doi.org/10.1007/978-3-658-49153-6

Die Deutsche Nationalbibliothek verzeichnet diese Publikation in der Deutschen Nationalbibliografie; detaillierte bibliografische Daten sind im Internet über https://portal.dnb.de abrufbar.

Planung/Lektorat: Karina Kowatsch
Springer Gabler ist ein Imprint der eingetragenen Gesellschaft Springer Fachmedien Wiesbaden GmbH und ist ein Teil von Springer Nature.
Die Anschrift der Gesellschaft ist: Abraham-Lincoln-Str. 46, 65189 Wiesbaden, Germany

Geleitwort

Die produktionsbezogene Losgrößenplanung versucht, die im Rahmen der Bedarfserfüllung auftretenden, gegenläufigen Kosten für Rüstvorgänge und Lagerhaltung mit Modellen und Methoden des Operations Research (OR) optimal auszubalancieren, indem die am besten geeigneten Produktionsmengen („Lose“) und Produktionszeitpunkte als Ergebnis („Output“) der Planung gefunden werden. Erste Veröffentlichungen zur Losgrößenplanung sind bereits mehr als hundert Jahre alt. Die damaligen Modelle gingen allerdings von sehr stark vereinfachenden Annahmen wie konstanter Nachfrage und unbegrenzter Produktionskapazität aus. Solche wirklichkeitsfremden Annahmen wurden im Laufe der Zeit sukzessive fallen gelassen, um eine realitätsnähere Abbildung zu erlauben, was allerdings zu deutlich komplexeren Optimierungsmodellen führte. Diese Optimierungsmodelle können dann nicht mehr zwangsläufig für praxisrelevante Dimensionen in einer vertretbaren Zeit optimal gelöst werden, so dass man sich gegebenenfalls mit sub-optimalen, heuristisch gefundenen Lösungen zufriedengeben muss. Das auch bereits ca. fünfzig Jahre alte „Capacitated Lot-Sizing Problem“ (CLSP) stellt einen Meilenstein in diesem Annäherungsprozess an die Realität dar, weil es dynamisch schwankende Kundenbedarfe für mehrere unterschiedliche Produkte abbilden kann, die um die knappe Produktionskapazität einer einzelnen Maschine konkurrieren. Für dieses Optimierungsmodell wurden im Laufe der Zeit zahlreiche Lösungsheuristiken entwickelt, aus denen der Autor vier herausgreift, die er nachimplementiert, um sie im Hinblick auf Laufzeitverhalten und Lösungsqualität miteinander vergleichen zu können. Die Auswahl der vier erfolgt in der Hoffnung und Erwartung, dass sie für unterschiedliche

Probleminstanzen – d. h. Ausprägungen der Input-Daten Rüstkosten, Lagerkosten, Kundenbedarfe, Produktionskapazität und Produktionskoeffizienten – auch ein unterschiedliches Lösungsverhalten aufweisen, so dass keine der Heuristiken die anderen in allen Datenkonstellationen dominiert.

Das Machine Learning weist zwar ebenfalls eine lange Historie auf. In jüngerer Zeit wurden hier aber insbesondere im Teilbereich des sog. „Supervised Learning" sehr beeindruckende, vorher unmögliche Erfolge erzielt, beispielsweise durch (tiefe) Künstliche Neuronale Netze im Hinblick auf die Bild- und Spracherkennung. Im Supervised Learning soll anhand eines Trainingsdatensatzes der Zusammenhang zwischen bekannten Input-Output-Kombinationen erlernt werden, so dass sich auf Basis des Erlernten für einen neuen, unbekannten Input der zugehörige Output möglichst gut vorhersagen lässt. Ein Auswahlproblem, bei dem zur Lösung einer Probleminstanz eines Planungsproblems aus einer vorgegebenen Menge an Algorithmen ein im Hinblick auf ein bestimmtes Ziel am besten geeigneter Algorithmus ex ante vorhergesagt werden soll, ohne alle Algorithmen für diese Probleminstanz tatsächlich ausgeführt zu haben, wird in der wissenschaftlichen Literatur (unter anderem) als Algorithm Selection Problem (ASP) bezeichnet. Ziel der vorliegenden Arbeit ist es, Prognosemethoden für dasjenige ASP zu entwickeln, das unter den vier CLSP-Heuristiken diejenige sucht, die die kostengünstigste Lösung liefert. Insbesondere formuliert der Autor die Haupt-Forschungsfrage, ob Machine Learning diesen Auswahlprozess unterstützen kann. Dabei möchte er als Teilfragen klären, ob eine der vier Heuristiken die drei anderen dominiert, so dass gar kein Auswahlproblem vorliegen würde, welche der vorgeschlagenen Prognosemethoden in Bezug auf die Prognosegenauigkeit am besten abschneidet, ob die für kleine Probleminstanzen gewonnenen Erkenntnisse auch auf größere Instanzen übertragen werden können, und was dagegen sprechen würde, statt einer Ex-Ante-Prognose mit ausschließlicher Ausführung der vorhergesagten Heuristik alle vier Heuristiken auszuführen und ex post die beste auszuwählen.

Auch wenn mit dem CLSP ein lang bekanntes Optimierungsmodell im Mittelpunkt der Betrachtung steht, sind die aufgeworfenen Forschungsfragen dennoch hochaktuell. Der Grund hierfür ist weniger im lediglich beispielhaft gewählten Betrachtungsobjekt als vielmehr in der angewandten Methodik und ihrer Generalisierbarkeit zu sehen. Dem Autor gelingt es, die Welten des OR und des Machine Learning zusammen zu führen und in ihrer Kombination für betriebswirtschaftliche Anwendungen nutzbar zu machen, die sicherlich über das CLSP hinaus gehen werden. Die Grundidee, mit wenigen ausgewählten Kennzahlen auf kleinen Probleminstanzen ein Künstliches Neuronales Netz zu trainieren, um dann schnell für große Probleminstanzen das voraussichtlich am besten geeignete Lösungsverfahren des zugehörigen OR-Problems vorhersagen zu können, ist sowohl als innovativ als auch als generell einsetzbar anzusehen. Darüber hinaus liefert die Anwendung dieser Idee auf das CLSP weitere Forschungserkenntnisse, die die wissenschaftliche Welt bereichern. Hierzu zählen beispielsweise ein Vergleich der vier CLSP-Heuristiken, der deren Stärken und Schwächen offenbart, geeignete Kennzahlen zur Beurteilung von CLSP-Probleminstanzen, die sicherlich auch zur Leistungsmessung anderer Losgrößenprobleme werden inspirieren können, das Design des Künstlichen Neuronalen Netzes zur Performanz-Prognose oder Erkenntnisse bzgl. der Performanz unterschiedlicher Prognoseverfahren bzw. hinsichtlich der Übertragbarkeit der Trainingsresultate kleinerer Probleminstanzen auf größere.

Die vorliegende Schrift ist aus meiner Sicht ausgesprochen lesenswert. Ich möchte deren Lektüre allen an Losgrößenplanung und Algorithmen-Auswahl interessierten Leserinnen und Lesern sehr empfehlen.

Hohenheim
im Juni 2025

Herbert Meyr

Danksagung

Diese Arbeit entstand während meiner Tätigkeit als wissenschaftlicher Mitarbeiter am Fachgebiet für Supply Chain Management der Universität Hohenheim und wurde im Juni 2024 als Dissertation eingereicht. Sie wäre in dieser Form ohne die Unterstützung einer Vielzahl an Menschen nicht möglich gewesen. Dafür möchte ich mich aufrichtig bedanken.

Mein besonderer Dank gilt meinem Doktorvater, Prof. Dr. Herbert Meyr, für seine wertvolle Anleitung, sein Vertrauen und die inspirierenden Impulse, die mir während der Erstellung dieser Dissertation zuteilwurden. Trotz Ihres vollen Terminkalenders fanden Sie stets Zeit, um aufkommende Probleme zu besprechen sowie den Fortschritt und die nächsten Schritte meiner Arbeit zu erörtern. Ihre Expertise, Erfahrung und analytischen Fähigkeiten waren für mich von unschätzbarem Wert und haben mein Denken maßgeblich geprägt. Dafür möchte ich Ihnen von Herzen danken.

Des Weiteren möchte ich Prof. Dr. Katja Schimmelpfeng meinen Dank aussprechen, die als Zweitgutachterin meiner Dissertation fungierte. Sie fanden immer Zeit, um fachliche und persönliche Anliegen zu besprechen, und unterstützten mich auf Konferenzen und Veranstaltungen. Außerdem möchte ich mich bei Prof. Dr. Thomas Dimpfl für die Übernahme des Vorsitz der Prüfungskommission bedanken.

Mein Dank gilt auch meinen aktuellen und ehemaligen Kolleginnen und Kollegen an der Universität Hohenheim. Besonders bin ich Dr. Stephan Fichtner, Dr. Ivan Zulj, Mirko Kiel, Daniela Bissinger und Julian Maihöfer dankbar für ihre

Unterstützung, die Diskussionen über Forschungsprojekte sowie für die angenehmen Gespräche abseits der Wissenschaft, die zu einer tollen Atmosphäre an unserem Lehrstuhl beigetragen haben.

Besonders möchte ich meiner Frau Rebekka danken, deren unermüdliche und fortwährende Unterstützung, Geduld und Verständnis mir in allen Lebenslagen stets Kraft und Zuversicht gegeben haben. Deine Liebe und dein Glaube an mich waren die beste Motivation. Danke, dass Du immer für mich da bist. Schließlich danke ich meinen Eltern und Geschwistern, die mich stets unterstützt und mich auf meinem Weg ermutigt haben.

Jens Kärcher

Inhaltsverzeichnis

Abkürzungsverzeichnis

AdaGrad	Adaptive Gradient
Adam	Adaptive Moment Estimation
AI	Artificial Intelligence
ASP	Algorithm Selection Problem
BOM	Bill of material
BReLU	Bounded Rectified Linear Unit
CLSP	Capacitated Lotsizing Problem
CNN	Convolutional Neural Network
CPU	Central Processing Unit
CRISP-DM	Cross Industry Standard Process for Data Mining
D	Nachfrageszenario
DL	Deep Learning
DPA	Dogramaci et al. (1981)
D&S	Dixon & Silver (1981)
ELU	Exponential Linear Unit
engl.	englisch
EOQ	Economic Order Quantity
f(f).	folgende Seite(n)
G	Günther (1987)
GAN	Generative Adversarial Network
GE	Geldeinheit
GLSPPL	General Lotsizing and Scheduling Problem for Parallel production Lines
GPU	Graphics Processing Unit

HF	Haupt-Forschungsfrage
JIT	Just-In-Time
KI	Künstliche Intelligenz
KKR	Korrektklassifizierungsrate
KL	Kullback-Leibler
KNN	Künstliches neuronales Netz
KPI	Key Performance Indicator
Lasso	Least Absolute Shrinkage and Selection Operator
LReLU	Leaky Rectified Linear Unit
LSTM	Long Short-Term Memory
L&V	Lambrecht & Vanderveken (1979)
MAE	Mean Absolute Error
MDP	Markow Entscheidungsprozess
ME	Mengeneinheit
ML	Machine Learning
MLP	Multilayer Perceptron
MSE	Mean Squared Error
MTLU	Multi-bin Trainable Linear Unit
OR	Operations Research
PELU	Parametric Exponential Linear Unit
PPS	Produktionsplanung und -steuerung
PReLU	Parametric Rectified Linear Unit
QAP	Quadratic Assignment Problem
RAM	Random-Access Memory
ReLU	Rectified Linear Unit
RL	Reinforcement Learning
RMSProp	Root Mean Square Propagation
RProp	Resilient Propagation
RReLU	Randomized Rectified Linear Unit
S.	Seite(n)
SC	Rüstkostenszenario
SELU	Scaled Exponential Linear Unit
TF	Teilfrage
TSP	Travelling Salesman Problem
U	Auslastungsszenario
VRPTW	Vehicle Routing Problem mit Zeitfenstern
ZE	Zeiteinheit

Abbildungsverzeichnis

Tabellenverzeichnis

Einleitung

1

1.1 Motivation

Die Losgrößenplanung stellt ein alltägliches und sehr bedeutsames Planungsproblem eines Produzenten dar. Die *Losgröße* wird hierbei als die Anzahl an Produkten definiert, die auf einer Maschine bzw. auf einer Produktionslinie ohne Unterbrechung eines anderen Produkts am Stück produziert wird (vgl. Harris, 1913). Das Planungsproblem kann am Beispiel der Prozessindustrie wie folgt beschrieben werden.

In der Prozessindustrie wird in der Regel eine hohe Anzahl an heterogenen Produkten auf einer oder mehreren identischen, parallel einsetzbaren Produktionslinien hergestellt. Auf jeder Produktionslinie laufen die verschiedenen Arbeitsschritte für jedes Produkt meist automatisiert in derselben Reihenfolge ab. Zu beachten ist, dass jede Produktionslinie bezüglich ihrer Produktionskapazität begrenzt ist und daher die Produktionsmenge innerhalb einer Periode nicht unendlich sondern limitiert ist. Darüber hinaus liegen in der Prozessindustrie zum Zeitpunkt der Produktion in der Regel noch keine konkreten Kundenaufträge für die verschiedenen Produkte vor, weshalb keine auftragsbezogene Produktion (make-to-order) stattfinden kann. Daher müssen Produktionsaufträge anhand von prognostizierten zukünftigen Bedarfen ausgelöst werden (make-to-stock) (vgl. Meyr, 1999, S. 4).

Bevor ein Produkt auf einer Produktionslinie produziert werden kann, muss die Produktionslinie auf das jeweilige Produkt gerüstet sein. Dies bedeutet, an der Produktionslinie müssen zunächst vorbereitende Maßnahmen für das entsprechende Produkt durchgeführt werden. Beispielsweise kann es erforderlich sein, dass die Produktionslinie mechanisch neu konfiguriert oder aus Qualitäts- bzw. Hygienegründen zunächst gereinigt werden muss. Jeder Rüstvorgang verursacht sowohl

J. Kärcher, *Untersuchung von Machine-Learning-Verfahren zur Lösung von Losgrößenproblemen*, Produktion und Logistik,
https://doi.org/10.1007/978-3-658-49153-6_1

Rüstkosten als auch Rüstzeiten[1], in denen die Produktionslinie aufgrund der Umrüstung stillsteht und nichts produzieren kann. Aus diesem Grund sind große Losgrößen vorzuziehen, um eine hohe Anzahl von Rüstvorgängen zu vermeiden. Werden jedoch große Produktionslose gebildet, kann es vorkommen, dass in einer Periode mehr produziert wird, als an Bedarf prognostiziert wurde. In diesem Fall müssen die Produktionsüberschüsse für die zukünftige Nachfrage gelagert werden. Solche Lagerbestände werden Losgrößenbestände (vgl. Fleischmann, 2008, S. 11) genannt und verursachen in Abhängigkeit ihrer Höhe und der Dauer ihrer Lagerung Lagerkosten. Damit Lagerkosten eingespart werden, sollte daher möglichst bedarfsgenau produziert werden. Diese Zielsetzung geht mit der Bildung von vielen und dafür eher kleinen Produktionslosen einher (vgl. Meyr, 1999, S. 4).

Es wird deutlich, dass sich die beiden Zielsetzungen widersprechen. Auf der einen Seite sollen wenige große Produktionslose gebildet werden, um auf diese Weise Umrüstungen einzusparen. Auf der anderen Seite sollen jedoch gleichzeitig viele kleine Produktionslose gebildet werden, um hohe Losgrößenbestände zu vermeiden. Es stellt sich daher die Frage, wann und in welcher Menge die heterogenen Produkte auf einer Produktionslinie unter Berücksichtigung des prognostizierten Bedarfs und der begrenzten Maschinenkapazität hergestellt werden sollen, um die resultierenden Gesamtkosten aus Lager- und Rüstkosten zu minimieren.

Wird neben der Losgröße auch die Losreihenfolge betrachtet, wird diese Problemstellung in der Literatur als *Losgrößen- und Reihenfolgeplanung* bezeichnet. Hierbei sind die Entscheidungen über Losgrößen und Losreihenfolge *simultan* zu treffen. Die Notwendigkeit einer simultanen Betrachtung wird vor allem bei Vorliegen von reihenfolgeabhängigen Rüstzeiten sehr deutlich. Zur Festlegung einer Losgröße muss die zur Verfügung stehende Kapazität bekannt sein. Diese kann jedoch aufgrund der reihenfolgeabhängigen Rüstzeiten erst ermittelt werden, wenn die Reihenfolge der Lose festgelegt wurde. Da die Bestimmung der Losreihenfolge wiederum Kenntnisse über die Häufigkeit einer Losauflage erfordert und diese ein Ergebnis des Losgrößenproblems darstellt, kommt lediglich eine simultane Betrachtung der beiden Entscheidungen in Frage (vgl. Meyr, 1999, S. 5, 31).

In der Literatur zur Losgrößenplanung existieren unzählige Optimierungsmodelle, welche als NP-schwer einzuordnen sind und für die bereits viele verschiedene Lösungsheuristiken entwickelt wurden (vgl. z. B. Karimi et al., 2003; Jans und Degraeve, 2007; Jans und Degraeve, 2008; Buschkühl et al., 2010; Copil et al., 2017). In der Praxis wird ein Produzent solche Entscheidungsmodelle nur dann verwenden, wenn Produktionspläne in angemessener Zeit erstellt werden können. Darüber hinaus muss ein erstellter Produktionsplan eine hohe Lösungsgüte aufweisen,

[1] In der Regel stehen beide Größen in einer starken, positiven Korrelation zueinander.

d. h. die resultierenden Gesamtkosten müssen niedrig sein. Praktische Anwendungen betrachten häufig mehrere Produktionslinien mit einer sehr hohen Anzahl verschiedener Produkte, die aufgrund hoher gegenseitiger Abhängigkeiten gleichzeitig geplant werden müssen. Da viele der Entscheidungsmodelle sich bei realitätsnahen Instanzen aufgrund ihrer hohen Komplexität nicht in einer akzeptablen Rechenzeit optimal lösen lassen, wird in der Praxis häufig auf die Verwendung solcher Modelle verzichtet (vgl. Kistner und Steven, 1991, S. 123 f.).

Aus diesem Grund erfordert es Maßnahmen zur Reduktion der Komplexität, welche sich grundsätzlich in Vereinfachungs- und Verdichtungsansätze untergliedern lassen. Zu den Vereinfachungsansätzen zählen die Relaxation und Dekomposition. Während bei der Relaxation die Komponenten im Modell, die für die Komplexität verantwortlich sind, vernachlässigt werden, wird das komplexe Modell bei der Dekomposition in mehrere separat zu lösende Teilmodelle zerlegt. Zu dem Verdichtungsansatz gehört unteranderem die Aggregation (vgl. Kleindienst, 2004, S. 3 f; Steven, 1994, S. 33). Unter Aggregation ist die Zusammenfassung mehrerer einzelner Elemente zu einer oder einigen wenigen Gruppe(n) zu verstehen. Diese entstehenden Gruppen werden auch als Aggregate bezeichnet (vgl. Leisten, 1996, S. 26; Steven, 1994, S. 43 ff.). Nach einer Aggregation ist anschließend auch eine Disaggregation der Ergebnisse, also eine Aufteilung der Planungsergebnisse der aggregierten Lösung auf die detaillierten Ursprungsdaten notwendig (vgl. Lermen, 1992, S. 44).

Ein vielversprechender Lösungsansatz für Modelle der simultanen Losgrößen- und Reihenfolgeplanung, der hinsichtlich der Lösungsgüte und Laufzeit im Vergleich zu früheren Heuristiken besser abschneidet, wird in Meyr und Mann (2013) vorgestellt. Neben der Dekomposition eines Mehrlinienproblems[2] in unabhängige Einlinienprobleme aggregieren Meyr und Mann (2013) das Zeitraster des ursprünglichen Modells und reduzieren auf diese Weise die Anzahl der Perioden. Anschließend wird das aggregierte Problem gelöst und der daraus resultierende Produktionsplan wird verwendet, um linienabhängige Bedarfe für alle Produkte zu definieren. Da diese Heuristik bei einer hohen Anzahl an Produkten zu langen Rechenzeiten führt, wendet Wörbelauer (2018) anstelle einer Zeitaggregation eine Produktaggregation an, bei der Produkte zu sogenannten Rüstfamilien zusammengefasst werden. Durch diese Zusammenfassung reduziert sich zwar der Datenumfang, aber zeitgleich können bei der anschließenden Übertragung der Planungsergebnisse auf die einzelnen Produkte Probleme und Fehler entstehen (vgl. Wörbelauer, 2018, Kapitel 4).

[2] Die Autoren betrachten das General Lotsizing and Scheduling Problem for Parallel production Lines (GLSPPL).

Es stellt sich daher grundsätzlich die Frage, nach welchen Aggregationsregeln die Ausgangsdaten zusammengefasst und mit welchen Verfahren die Ergebnisse disaggregiert werden sollen, um einerseits den Aggregationsfehler möglichst gering zu halten und andererseits eine möglichst hohe Lösungsgüte zu erhalten. Problematisch ist, dass es sehr viele verschiedene Aggregations- und Disaggregationsmöglichkeiten gibt, welche vom betrachteten Problem abhängig sind, und deshalb nicht klar ist, welche der Regeln bzw. Verfahren schrittweise für ein bestimmtes Problem angewendet werden sollen.

Aus diesem Grund wäre es von Vorteil, wenn eine Methode existieren würde, welche die beste Kombination aus Aggregations- und Disaggregationsregel in Abhängigkeit der Charakteristiken des betrachteten Problems ermittelt bzw. prognostiziert. Zu untersuchen ist, ob mit Hilfe von Machine Learning (ML) dieses Ziel erreicht werden kann. Da der beschriebene Anwendungsfall der Dekomposition in Verbindung mit einer Aggregation und Disaggregation sehr komplex und undurchsichtig ist, ist es sinnvoll, die gewünschte Methode zunächst anhand einer einfacheren Problemumgebung zu entwickeln und zu testen. Anschließend können die gewonnenen Erkenntnisse und Erfahrungen verwendet werden, um einen Prognoseansatz für den Anwendungsfall der Dekomposition zu entwickeln.

Eine sehr ähnliche Problematik zur Dekomposition tritt auf, wenn für ein NP-schweres Problem in Abhängigkeit der Charakteristiken einer Probleminstanz[3] verschiedene Lösungsheuristiken die beste Lösungsgüte aufweisen. In diesem Fall ist ebenfalls unklar, welche der verfügbaren Lösungsheuristiken auf die betrachtete Probleminstanz angewendet werden soll. Wie in Abbildung 1.1 dargestellt, steigen die Rechenzeiten der Lösungsheuristiken 1 bis 4 mit der Problemgröße stark an, weshalb eine Berechnung aller zur Verfügung stehenden Heuristiken vor allem bei größeren Probleminstanzen eine immense Menge an Zeit beanspruchen würde. In Anwendungsbereichen, in denen eine Optimierungsaufgabe sehr schnell erledigt werden muss (z. B. real-time-scheduling), können in der Regel nicht alle Heuristiken getestet werden. Sind zudem auch exakte Lösungsverfahren nicht in der Lage, größere Probleminstanzen in einem vorgegebenen Zeitrahmen zu lösen, wäre eine Vorhersage der besten Lösungsheuristik für die betrachtete Probleminstanz sehr hilfreich.

Diese Problemstellung wird in der Literatur u. a. als Algorithm Selection Problem (vgl. Karimi-Mamaghan et al., 2022), Automated Algorithm Selection (vgl. Kerschke et al., 2019; Dantas und Pozo, 2018) oder Adaptive Recommendation Model (vgl. Chu et al., 2019) bezeichnet. Laut Rice (1976) kann das Algorithm

[3] Unter einer Probleminstanz wird im Folgenden ein Datensatz verstanden, der alle Modellparameter enthält, die zur Lösung eines einzelnen Planungsproblems erforderlich sind.

Selection Problem (ASP) in vier Elemente unterteilt werden. Für ein bestimmtes Optimierungsproblem gibt es eine Vielzahl unterschiedlicher Probleminstanzen (Problemraum). Jede Probleminstanz kann hierbei anhand von quantitativen Merkmalen beschrieben werden (Merkmalsraum). Zur Lösung der Probleminstanzen stehen verschiedene Lösungsverfahren zur Verfügung (Algorithmusraum), deren Leistung für jede Probleminstanz anhand von Kennzahlen bewertet werden kann (Leistungsraum).

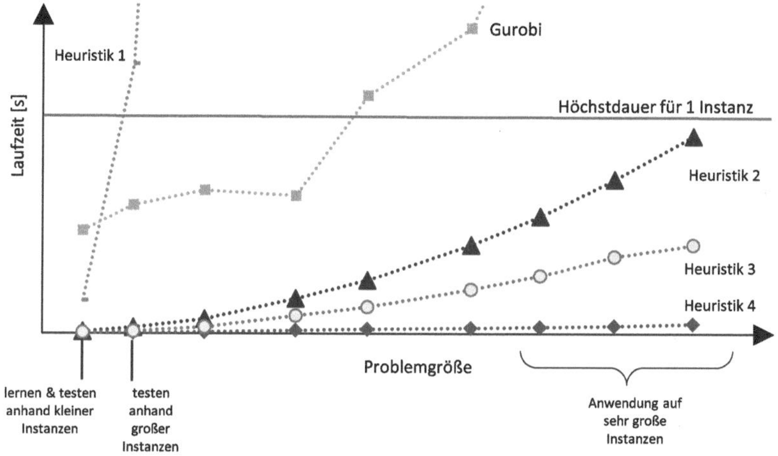

Abbildung 1.1 Grundidee: Wenn exakte Lösungsverfahren (Gurobi) zu zeitaufwendig sind, dann lerne anhand kleiner Probleminstanzen die beste Lösungsheuristik für eine große Instanz vorherzusagen

Unklar ist, wie erlernt werden kann, welcher Typ von Probleminstanz mit welcher Lösungsheuristik am besten funktioniert. Ein Ansatz könnte sein, eine Datensammlung zu verwenden, die aus kleinen Probleminstanzen besteht, aber dennoch unterschiedliche Problemcharakteristiken aufweist. Für diese Trainingsmenge können alle Lösungsheuristiken aufgrund der kurzen Rechenzeiten schnell ausprobiert werden, so dass bekannt ist, welche Probleminstanz mit welcher Heuristik am besten funktioniert (Input-Output Paare). Lassen sich im nächsten Schritt Muster aus den Input-Output Paaren ableiten, können diese Erkenntnisse genutzt werden, um für eine sehr große Probleminstanz, für die noch keine beste Lösungsheuristik bekannt ist, die beste Heuristik zu prognostizieren. Diese Vorgehensweise wird im Bereich des Machine Learnings als Supervised Learning bezeichnet (vgl. Goodfellow et al.,

2016, S. 105 f.). Ein mögliches Verfahren zum Erlernen dieser Muster und zur Nutzung der Erkenntnisse für unbekannte Probleminstanzen stellt ein künstliches neuronales Netz (KNN) dar. Um überprüfen zu können, ob die zu entwickelnde Prognosemethode auch auf sehr große Probleminstanzen angewendet werden kann, ist diese anhand von Probleminstanzen zu testen, welche etwas größer sind als die kleinen Instanzen der Trainingsmenge (vgl. Abb. 1.1).

1.2 Zielsetzung der Arbeit

Es soll für ein Losgrößenproblem untersucht werden, wie unter Verwendung von Methoden des Machine Learnings gelernt bzw. prognostiziert werden kann, welche Lösungsheuristik in Abhängigkeit der Charakteristiken einer Probleminstanz zur besten Lösung führt. Es werden die Forschungsgebiete des Operations Research (OR) und des Machine Learning zusammengebracht, um auf diese Weise einen Beitrag zur Lösung von NP-schweren Losgrößenproblemen für praxisrelevante Probleminstanzen zu leisten. Es soll ein Prognoseverfahren entwickelt werden, bei dem sichergestellt ist, dass Probleminstanzen unabhängig von ihrer Größe ohne eine Anpassung des Prognoseverfahrens klassifiziert werden können. Für diesen Zweck sind zur Beschreibung der Probleminstanzen geeignete Merkmale abzuleiten, was nach Wissen des Autors in der Literatur für ein Losgrößenproblem bisher nicht erfolgt ist.

Als zu lösendes Problem wird das Capacitated Lotsizing Problem (CLSP) (siehe bspw. Günther, 1987) herangezogen. Dieses stellt ein wichtiges Modell der Losgrößenplanung dar, da es die Grundlage für zahlreiche Erweiterungen und Variationen bildet. Das CLSP betrachtet mehrere Produkte, die eine dynamische Nachfrage aufweisen und auf einer einzelnen Produktionslinie produziert werden. Die Kapazität der Produktionslinie ist begrenzt und für jeden Produktwechsel fallen Rüstkosten an. Ziel ist die Minimierung der Rüst- und Lagerhaltungskosten unter der Bedingung, dass die Nachfrage erfüllt und die Kapazität der Produktionslinie nicht überschritten wird.

Das CLSP wird aus mehreren Gründen als grundlegend angesehen. Zum einen sind mehrstufige CLSP-Modelle (siehe z. B. Buschkühl et al., 2010) von entscheidender Bedeutung für die Werkstattfertigung, bei der die Reihenfolgeplanung typischerweise im Anschluss an die Losgrößenplanung erfolgt. Zum anderen ist auch die Entwicklung von simultanen Losgrößen- und Reihenfolgeproblemen (siehe z. B. Copil et al., 2017) auf das CLSP zurückzuführen. In diesen Modellen werden Mikroperioden für die Reihenfolgeplanung in die Makroperiodenstruktur des CLSP eingebettet, wodurch eine genauere und effizientere Planung ermöglicht wird. Ein großer Vorteil des CLSP ist, dass es wichtige Eigenschaften eines Losgrößenproblems aufweist, aber bezüglich der Lösungskomplexität als nicht zu schwer einzustufen ist. Darüber hinaus ist das CLSP bereits sehr gut erforscht, weshalb zur Lösung des CLSP sehr viele Lösungsheuristiken existieren, welche für kleine Probleminstanzen zum Teil sehr kurze Rechenzeiten aufweisen (vgl. bspw. Karimi et al., 2003; Jans und Degraeve, 2007; Jans und Degraeve 2008; Buschkühl et al., 2010).

Es soll die folgende Haupt-Forschungsfrage (HF) beantwortet werden:

HF: Kann Machine Learning helfen, aus einer gegebenen Anzahl von Lösungsheuristiken für das CLSP die beste Heuristik für eine einzelne Probleminstanz zu prognostizieren?

Hierbei ergeben sich die folgenden Teilfragen (TF1–TF4):

TF1: Dominiert eine der Heuristiken in allen Situationen, so dass es überhaupt kein Auswahlproblem gibt?
TF2: Welche Prognosemethode ist die Beste in Bezug auf Genauigkeit?
TF3: Können die für kleine Probleminstanzen gewonnenen Erkenntnisse auf größere Probleminstanzen übertragen werden?
TF4: Was spricht dagegen, statt einer Prognose der besten Lösungsheuristik alle Heuristiken auszuführen und die beste Lösung auszuwählen?

1.3 Aufbau der Dissertationsschrift

Zur Beantwortung der Forschungsfragen ist die Arbeit wie folgt aufgebaut. Da in Bezug auf die zuvor beschriebene Problemstellung der Einsatz eines KNN als besonders passend erscheint, widmet sich **Kapitel** 2 zunächst den Grundlagen zu KNNs. Nachdem zuerst die im Zusammenhang mit Machine Learning auftretenden Begriffe definiert und abgegrenzt werden, erfolgt ein Überblick über die Funktionsweise und den Aufbau eines vorwärtsgerichteten Netzes (Feedforward-Netz). Anschließend werden einzelne Elemente eines KNN erneut aufgegriffen und ausführlich behandelt.

Das **Kapitel** 3 führt in die Losgrößenplanung ein. Nach der Erläuterung wesentlicher Grundlagen und der Einordnung der Losgrößenplanung in die Produktionsplanung und -steuerung werden in Abschnitt 3.3 das CLSP vorgestellt und in Abschnitt 3.4 verschiedene Lösungsheuristiken zum CLSP erläutert. Zum Abschluss erfolgt ein kurzer Literaturüberblick zur Verwendung von KNNs zur Lösung von Losgrößenproblemen (Abschnitt 3.5) und zur Lösung des Algorithm Selection Problems (Abschnitt 3.6).

In **Kapitel** 4 werden verschiedene Prognoseverfahren zur Auswahl der besten Lösungsheuristik in Abhängigkeit der Charakteristiken einer Probleminstanz entwickelt, wobei der Fokus auf ein KNN gelegt wird. Der Abschnitt 4.1 dient der Erstellung von Probleminstanzen. Hierzu wird zunächst ein fiktives Unternehmen vorgestellt, welches als Fallbeispiel dienen soll. Anschließend wird eine sehr große Datensammlung erzeugt, in der verschiedene Szenarien berücksichtigt werden, bevor in Abschnitt 4.2 die in Abschnitt 3.4 erläuterten Lösungsheuristiken auf die Datensammlung angewendet werden. Neben der Beantwortung der Forschungsfrage TF1 ergibt sich als Nebeneffekt ein umfassender Vergleich der ausgewählten Heuristiken, welcher in dieser Form nach Wissen des Autors bisher in der Literatur nicht zu finden ist. Zusätzlich lassen sich Erkenntnisse gewinnen, unter welchen Voraussetzungen die ausgewählten Lösungsheuristiken des CLSP besser funktionieren. Anschließend werden in Abschnitt 4.3 im Rahmen des Feature Engineerings einige Merkmale in Form von Key Performance Indikatoren (KPI) abgeleitet, anhand derer die Probleminstanzen beschrieben werden können.

Der darauffolgende Abschnitt 4.4 widmet sich der Entwicklung, der Konfiguration und dem Training von verschiedenen Prognosemethoden, die zur Auswahl der besten Lösungsheuristik angewendet und als Vergleichsmaßstab für das KNN herangezogen werden können. Hierbei werden zunächst sehr einfache Prognosemethoden vorgestellt, die keine Trainingsphase benötigen und Erkenntnisse aus der Trainingsdatensammlung (siehe Abschnitt 4.2) nicht oder nur in sehr geringem Umfang verwenden. Im Gegensatz dazu wird in den restlichen Methoden versucht, möglichst viele Muster in der Trainingsdatensammlung zu erkennen und diese bei der Auswahl der Lösungsheuristik zu berücksichtigen. Neben einem regel-basierten Prognoseansatz wird auch eine auf empirischen Häufigkeitsverteilungen basierende Prognosemethode vorgestellt. Als letzte Prognosemethode wird in Abschnitt 4.5 ein künstliches neuronales Netz mit dem Namen CLSP-Net entwickelt, welches ebenfalls anhand der erstellten Datensammlung trainiert wird.

Zum Abschluss werden in Abschnitt 4.6 die vorgestellten Prognosemethoden zu Testzwecken sowohl auf eine Datensammlung mit kleinen Instanzen als auch auf eine Datensammlung mit großen Instanzen angewendet. Hierbei wird zur Beantwortung der Forschungsfrage TF2 untersucht, welche der Prognosemethoden die höchste Korrektklassifizierungsrate erzielt. Außerdem wird überprüft, ob die Prognosemethoden (insbesondere CLSP-Net) ohne weitere Trainingsphase in der Lage sind, größere und bisher unbekannte Probleminstanzen erfolgreich zu klassifizieren (TF3). Zum Abschluss des Kapitels wird aufgezeigt, welcher Zeitaufwand mit der Erstellung von CLSP-Net und dessen Verwendung im Rahmen der Prognose verbunden ist. Des Weiteren werden beispielhaft die Rechenzeiten im Falle von sehr großen Instanzen ermittelt, so dass sich die Forschungsfrage TF4 beantworten lässt.

Eine Zusammenfassung der gewonnenen Erkenntnisse sowie ein Ausblick auf weitere Forschungspotentiale bilden in **Kapitel** 5 den Abschluss der Arbeit. Abbildung 1.2 gibt eine Übersicht über den schematischen Aufbau der Arbeit.

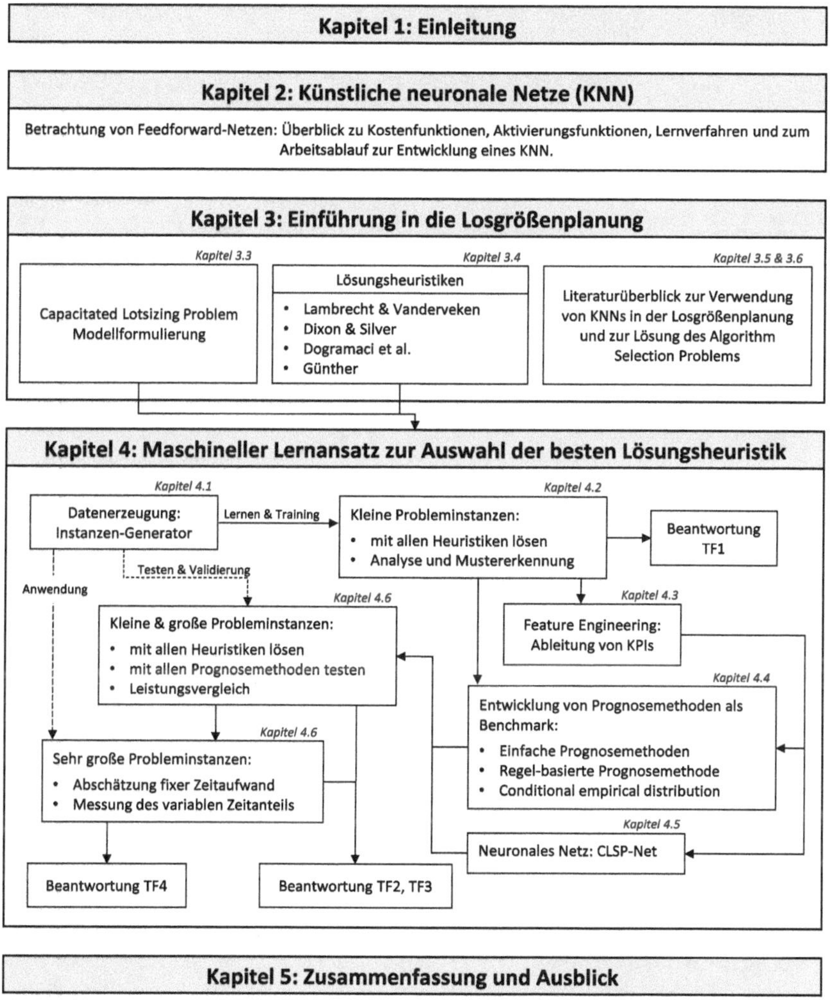

Abbildung 1.2 Schematischer Aufbau der Arbeit

Künstliche neuronale Netze (KNN)

2

Die gegenwärtige Forschung im Bereich *künstlicher neuronaler Netze* ist stark interdisziplinär ausgerichtet und zieht Erkenntnisse aus verschiedenen mathematischen und ingenieurwissenschaftlichen Disziplinen heran. Auch wenn das menschliche Gehirn und dessen Leistungsfähigkeit die ursprüngliche Inspiration für die Forschung auf dem Gebiet der künstlichen neuronalen Netze bilden, liegt das übergeordnete Ziel der aktuellen Forschung nicht darin, das menschliche Gehirn in seiner Komplexität perfekt zu modellieren (vgl. Goodfellow et al., 2016, S. 169). Stattdessen liegt der Fokus auf der Entwicklung von leistungsfähigen Algorithmen, die bestehende Modelle der Datenverarbeitung und Problemlösung ergänzen oder übertreffen können (vgl. Schmidhuber, 2015). Von der Bild- und Spracherkennung über autonome Systeme bis hin zur Analyse großer Datenmengen erstreckt sich das Spektrum der Anwendungen, in denen KNNs signifikante Verbesserungen gegenüber traditionellen Verfahren erzielen (vgl. Jordan und Mitchell, 2015; LeCun et al., 2015).

Im folgenden Kapitel soll in das Themengebiet der künstlichen neuronalen Netze eingeführt werden. Zunächst erfolgt in Abschnitt 2.1 eine Abgrenzung der zentralen Begriffe im Kontext der Künstlichen Intelligenz (KI). Anschließend werden in Abschnitt 2.2 die unterschiedlichen Lernarten im Bereich des Machine Learnings (ML) dargelegt und diskutiert. Abschnitt 2.3 bietet einen Überblick über die grundlegende Struktur und Arbeitsweise eines KNN. In den darauffolgenden Kapiteln werden einzelne Aspekte wie Netzstrukturen (Abschnitt 2.4), Kostenfunktionen (Abschnitt 2.6), Lernverfahren (Abschnitt 2.7) und Aktivierungsfunktionen (Abschnitt 2.5) herausgegriffen und im Detail behandelt. Den Abschluss von Kapitel 2 bildet Abschnitt 2.8, in welchem die verschiedenen Phasen hinsichtlich der Entwicklung und Implementierung eines KNN aufgezeigt sowie wichtige Herausforderungen erläutert werden.

J. Kärcher, *Untersuchung von Machine-Learning-Verfahren zur Lösung von Losgrößenproblemen*, Produktion und Logistik,
https://doi.org/10.1007/978-3-658-49153-6_2

2.1 Abgrenzung der Begrifflichkeiten

In diesem Kapitel werden die wichtigsten Begriffe und Definitionen im Forschungsfeld der Künstlichen Intelligenz (Abschnitt 2.1.1) systematisch dargestellt und voneinander abgegrenzt. Hierbei wird der Fokus auf die Schlüsselkonzepte Machine Learning (Abschnitt 2.1.2) und Deep Learning (DL; siehe Abschnitt 2.1.3) gelegt, deren Verständnis essentiell ist, um die aktuellen Entwicklungen im Bereich der KI nachvollziehen zu können.

2.1.1 Künstliche Intelligenz

Die Definitionen und Erklärungsansätze von Künstlicher Intelligenz (engl. *Artificial Intelligence* (AI)) variieren je nach wissenschaftlicher Disziplin und der Perspektive der Forschenden. In der Literatur lassen sich verschiedene Auffassungen darüber finden, was KI ausmacht und welche Ziele sie verfolgt.

John McCarthy führte den Begriff »Künstliche Intelligenz« auf der Dartmouth-Konferenz 1956 erstmals ein. Die Konferenz brachte eine kleine, aber einflussreiche Gruppe von Wissenschaftlern zusammen und führte zu entscheidenden Diskussionen und Arbeiten in den Anfangsjahren der KI. Sie half bei der Festlegung von Zielen und Methoden für die KI-Forschung und prägte die Richtung des Feldes für die kommenden Jahrzehnte. Die Dartmouth-Konferenz gilt daher als Geburtsstunde der KI als eigenständiges Forschungsgebiet (vgl. McCarthy et al., 2006; Moor, 2006). Gemäß Minsky (1969), einem Pionier auf dem Gebiet der Künstlichen Intelligenz und ebenfalls Teilnehmer an der Dartmouth-Konferenz von 1956, beschäftigt sich KI mit der Entwicklung von Computersystemen, die in der Lage sind, Aufgaben durchzuführen, die typischerweise menschliche Intelligenz erfordern. Diese Aufgaben umfassen Problemlösung, Spracherkennung, Lernen und Planung.

Russell und Norvig (2021, S. 19 f.) unterscheiden vier verschiedene Ansätze bzw. Perspektiven: »KI-Systeme, die denken wie Menschen«, »KI-Systeme, die handeln wie Menschen«, »KI-Systeme, die rational denken« und »KI-Systeme, die rational handeln«.

- *KI-Systeme, die denken wie Menschen*: Diese Perspektive konzentriert sich auf die Nachbildung menschlicher Denkprozesse. Ein KI-System aus dieser Kategorie soll nicht nur korrekte Schlüsse ziehen können, sondern diese auch in einer Art und Weise verarbeiten, die den menschlichen kognitiven Prozessen ähnelt. McCarthy et al. (2006) argumentieren, dass jede Art von Maschinenintelligenz als KI betrachtet werden kann, wenn sie die menschliche Intelligenz in irgendeiner Weise nachahmt oder simuliert.

- *KI-Systeme, die handeln wie Menschen*: Gemäß dieser Sichtweise besteht das Ziel darin, Maschinen zu entwickeln, die sich in einer Weise verhalten, die von Menschen nicht zu unterscheiden ist. Dazu gehören die Fähigkeiten, natürliche Sprache zu verstehen, Objekte zu erkennen und mit ihrer Umgebung sinnvoll zu interagieren. Der von Alan Turing entwickelte Turing-Test kann ebenfalls dieser Kategorie zugeordnet werden, dessen Bestehen als Kriterium für Künstliche Intelligenz dient. Im Test wird das Intelligenzniveau einer Maschine daran gemessen, ob ihr Verhalten von dem eines Menschen nicht zu unterscheiden ist (vgl. Turing, 2021).
- *KI-Systeme, die rational denken*: Hier liegt der Fokus auf dem Prinzip der Rationalität. Der Schwerpunkt liegt weniger auf der Nachbildung menschlicher Denkprozesse als vielmehr auf der Entwicklung von Algorithmen, die logisch korrekte Schlüsse aus gegebenen Informationen ziehen können.
- *KI-Systeme, die rational handeln*: Diese Perspektive verfolgt das Ziel, KI-Systeme zu entwickeln, die basierend auf ihrer Wahrnehmung der Umgebung in der Lage sind, autonome Aktionen auszuführen, um spezifische Ziele zu erreichen. Derartige Systeme müssen nicht notwendigerweise menschenähnlich denken oder handeln, sondern stattdessen effizient und zielgerichtet agieren. Dieses Konzept wird häufig durch Agentenmodellierungen umgesetzt, bei denen ein Agent unter Berücksichtigung seiner Beobachtungen und der zur Verfügung stehenden Handlungsmöglichkeiten versucht, ein vorgegebenes Ziel zu erreichen.

Die Unterscheidung zwischen »schwacher« KI (engl. *weak* oder *narrow AI*) und »starker« KI (engl. *strong* oder *general AI*) ist ein zentrales Konzept in der Debatte um die Fähigkeiten und Zielsetzungen von KI (vgl. Russell und Norvig, 2021, S. 1032). Ein prägender Beitrag zu dieser Diskussion stammt von dem Philosophen John Searle mit seinem Gedankenexperiment »Das Chinesische Zimmer« aus dem Jahr 1980, das darauf abzielt, die Unterschiede zwischen menschenähnlichem Verstehen und der Verarbeitungsleistung von Computern aufzuzeigen (vgl. Searle, 1980).

Der Begriff *schwache KI* bezieht sich auf Systeme, die für eine spezifische Aufgabe oder einen engen Aufgabenbereich entwickelt wurden. Diese Systeme können sehr gute Leistungen in ihrem jeweiligen Bereich erbringen, operieren aber innerhalb eines begrenzten Kontextes und verfügen nicht über ein allgemeines Verständnis oder Bewusstsein. Beispiele für schwache KI-Systeme sind Spracherkennungsprogramme, Empfehlungssysteme, Suchalgorithmen und sogar hochentwickelte Systeme wie AlphaGo von DeepMind (vgl. Hassabis, 2016), das »Go-Spiele« auf einem sehr hohen Niveau gewinnen kann. Trotz ihrer hohen Leistungsfähigkeit in bestimmten Domänen können diese Systeme ihre Intelligenz oder gelernten Fähigkeiten nicht auf andere Bereiche oder Problemstellungen übertragen (vgl. Goertzel, 2007).

Der Begriff *starke KI* beschreibt ein hypothetisches KI-System, das über ein allgemeines, menschenähnliches Verständnis und Bewusstsein verfügt. Solche Systeme sind in der Lage, jede intellektuelle Aufgabe zu erfüllen, die ein menschliches Gehirn ausführen kann, einschließlich Lernen, Probleme zu lösen, Entscheidungen unter Unsicherheit zu treffen, Sprache zu verstehen und zu produzieren, Emotionen zu haben sowie kreativ zu sein (vgl. Goertzel, 2007).

2.1.2 Machine Learning

In der Öffentlichkeit werden die Begriffe Künstliche Intelligenz und Maschinelles Lernen (engl. *Machine Learning*) oftmals als Synonyme verwendet. Das Machine Learning ist jedoch ein zentraler Forschungsbereich innerhalb der KI, der sich mit der Entwicklung von Algorithmen und Techniken befasst, die KI-Systemen die Fähigkeit verleihen, aus Daten bzw. Erfahrungen selbstständig zu lernen. Während einige KI-Systeme auf Verfahren des Machine Learnings zurückgreifen, um ihre Fähigkeiten zu verbessern, setzen andere KI-Systeme keine maschinellen Lernverfahren ein (vgl. Russell und Norvig, 2021, S. 19 f.).

Murphy (2012) definiert Machine Learning als eine Reihe von Algorithmen, die automatisch Muster in Daten erkennen und dann die aufgedeckten Muster zur Vorhersage künftiger Daten oder zur Durchführung anderer Arten von Entscheidungen unter Unsicherheit verwenden können. Das Machine Learning wurde maßgeblich von Samuel (1959) geprägt, der eines der ersten Programme entwickelte, das durch das Spielen von Dame gegen sich selbst in der Lage war, zu lernen und sich zu verbessern.

Die bekannteste Definition von Machine Learning stammt von Mitchell (1997, S. 2):

> *„A computer program is said to learn from experience E with respect to some class of tasks T and performance measure P , if its performance at tasks in T , as measured by P , improves with experience E.“*

Mitchell's Definition hebt drei zentrale Komponenten des Lernprozesses im Kontext von Machine Learning vor:

- Das Konzept der Erfahrung *E* ist grundlegend in Mitchells Definition und bezieht sich auf die Daten oder Informationen, die ein Algorithmus bezüglich seiner Vorhersagen während des Trainingsprozesses erhält. Hierbei kann sowohl eine Interaktion mit der Umgebung stattfinden (direktes Feedback) als auch auf historische Daten zurückgegriffen werden (indirektes Feedback), welche der Algorithmus analysiert, um Muster und Erkenntnisse zu gewinnen.
- Die Aufgabenklasse *T* beschreibt spezifische Probleme oder Herausforderungen, die der Algorithmus lösen soll. Aufgaben können vielfältig sein, wie beispielsweise das Erkennen von Handschriften, die Prognose von Kundennachfragen oder das Klassifizieren von E-Mail-Nachrichten als Spam oder Nicht-Spam. Die Definition ist hierbei sehr breit gehalten, um die Vielzahl möglicher Anwendungen maschinellen Lernens abzudecken.
- Die Leistungsmessung *P* bezieht sich auf die Bewertung, wie gut der Algorithmus die ihm gestellten Aufgaben bewältigt. Die Leistungsmetrik kann je nach Aufgabe variieren. So könnte sie beispielsweise die Genauigkeit der Vorhersagen, die Geschwindigkeit der Entscheidungsfindung oder die Fähigkeit, korrekte Empfehlungen zu geben, umfassen. Die Verbesserung der Leistung über die Zeit ist ein Schlüsselindikator dafür, dass Lernprozesse stattfinden.

Innerhalb des ML können verschiedene Lernarten unterschieden werden, welche in Abschnitt 2.2 näher betrachtet werden. Neben künstlichen neuronalen Netzen, die hauptsächlich im Deep Learning (siehe Abschnitt 2.1.3) eingesetzt werden, umfasst das Machine Learning eine Vielzahl von Algorithmen und Verfahren, die für unterschiedliche Arten von Daten und Lernaufgaben entwickelt wurden.

Beispielhaft zu nennen sind Entscheidungsbäume (engl. *Decision Trees*) (vgl. Quinlan, 1986), Zufallswälder (engl. *Random Forests*) (vgl. Breiman, 2001), Support-Vektor-Maschinen (vgl. Cortes und Vapnik, 1995), k-Means-Clusteringverfahren (vgl. Macqueen, 1967), Hauptkomponentenanalysen (engl. *Prinicipal Component Analysis*) (vgl. Dunteman, 1989), Naive Bayes-Klassifikatoren (vgl. Hastie et al., 2009, S. 210 f.), k-Nearest Neighbors Algorithmen (vgl. Cover und Hart, 1967) sowie die logistische und lineare Regression (vgl. Hastie et al., 2009, Kapitel 4). Diese Algorithmen decken ein breites Spektrum von Anwendungen ab, von der Klassifikation und Regression bis hin zum Clustering. Eine Erläuterung der einzelnen Anwendungsprobleme erfolgt in Abschnitt 2.2.1 bzw. 2.2.2.

2.1.3 Deep Learning

Die Leistungsfähigkeit grundlegender Algorithmen im Bereich des Machine Learnings, wie beispielsweise der logistischen Regression, wird wesentlich durch die Art und Weise bestimmt, in der die Daten präsentiert werden. Diese Abhängigkeit von der Datenrepräsentation stellt eine grundlegende Herausforderung in der Konzeption und Implementierung von KI-Systemen dar. Die Effektivität von KI-Systemen kann nicht isoliert von der Qualität und Struktur der Eingabedaten betrachtet werden.

Goodfellow et al. (2016, S. 3) erläutern hierfür als Beispiel die Anwendung der logistischen Regression zur Empfehlung eines Kaiserschnitts. In ihrem Beispiel untersucht das KI-System die Patientin nicht direkt. Stattdessen teilt der Arzt dem KI-System mehrere relevante Informationen über den Gesundheitszustand der Patientin mit (z. B. ob bei der Patientin eine Gebärmutternarbe vorhanden ist oder nicht). Jede Information, die den Gesundheitszustand der Patientin beschreibt, stellt ein Merkmal (engl. *Feature*) dar. Nur wenn diese sinnvoll ausgewählt sind, ist das KI-System in der Lage eine zuverlässige Empfehlung hinsichtlich der Durchführung eines Kaiserschnitts zu geben. Das KI-System selbst besitzt nicht die Fähigkeit, die Relevanz oder Definition der Features zu hinterfragen oder anzupassen (vgl. Goodfellow et al., 2016, S. 3).

Das Konzept des *Repräsentationslernens* (engl. *Representation Learning*) versucht diese Schwachstelle zu beseitigen, indem es darauf abzielt, nicht nur die Beziehung zwischen den Daten und deren Ausgabe zu modellieren, sondern auch eine optimale Darstellungsform für die Daten selbst zu erlernen. Auf diese Weise wird die Aufgabe der Merkmalsextraktion und -definition vom menschlichen Experten auf den Algorithmus übertragen, wodurch eine flexiblere und effizientere Verarbeitung ermöglicht wird (vgl. Goodfellow et al., 2016, S. 4).

Trotz der potenziellen Vorteile des Repräsentationslernens bleiben die Herausforderungen in der Extraktion abstrakter Merkmale aus Rohdatensätzen bedeutend. Diese Schwierigkeiten werden u. a. durch das *Tiefe Lernen* (engl. *Deep Learning*) adressiert. Das Deep Learning stellt einen dynamisch wachsenden Bereich innerhalb des Machine Learnings dar, der durch die Fähigkeit zur hierarchischen und komplexen Datenverarbeitung mit Hilfe von mehrschichtigen künstlichen neuronalen Netzen gekennzeichnet ist.

Ein *künstliches neuronales Netz* besteht aus Neuronen, die in Schichten angeordnet sind und über gewichtete Kanten miteinander verbunden sind. Daten werden durch das Netzwerk geführt, wobei jedes Neuron Eingaben von vorherigen

Schichten empfängt, verarbeitet und an nachfolgende Schichten weitergibt, wodurch eine komplexe, nicht-lineare Mustererkennung ermöglicht wird.[1]

Das zentrale Prinzip des Deep Learning ist das schichtweise Lernen, bei dem jede Ebene des künstlichen neuronalen Netzes bestimmte Merkmalsrepräsentationen erzeugt, die wiederum als Grundlage für die nachfolgenden Schichten dienen. Jede Schicht im Modell transformiert ihre Eingabe in eine abstraktere Repräsentation, wodurch komplexe Konzepte aus simplen Bausteinen schrittweise zusammengefügt werden können. Aufgrund dieser sequenziellen Datenverarbeitung und dem Erlernen von Merkmalen auf verschiedenen Abstraktionsebenen sind DL-Modelle im Gegensatz zu einfachen ML-Verfahren in der Lage, hochabstrakte Merkmale aus Rohdaten zu extrahieren und komplizierte Muster und Strukturen zu erfassen. Neben der Fähigkeit, die Inhalte der Eingabedaten zu kodieren, speichern DL-Modelle auch Zustandsinformationen, die für die Verarbeitung und Interpretation der Daten essenziell sind (vgl. Goodfellow et al., 2016, S. 5 ff; LeCun et al., 2015). Abbildung 2.1 veranschaulicht die Beziehung zwischen KI, ML und DL.

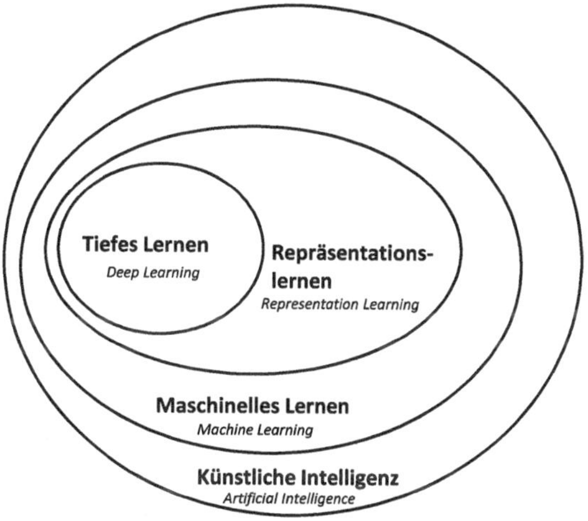

Abbildung 2.1 Zusammenhang zwischen KI, ML und DL: Die Abbildung verdeutlicht die Einordnung des Deep Learnings als eine Unterform des Representation Learnings, welches selbst eine Kategorie innerhalb des Bereichs des Machine Learnings darstellt. Dabei wird ersichtlich, dass Machine Learning in vielen jedoch nicht in allen KI-Systemen angewendet wird (in Anlehnung an Goodfellow et al., 2016, S. 9).

[1] Weitere Erläuterungen zum Aufbau und zur Funktionsweise eines KNN sind in Abschnitt 2.3 zu finden.

Ein entscheidender Faktor, der den Nutzen und die Anwendbarkeit von Deep Learning wesentlich erweitert hat, ist die stetig zunehmende Menge an verfügbaren Daten. In einer modernen, digital vernetzten Welt, in der täglich enorme Mengen an Daten erzeugt werden, hat sich die Verfügbarkeit von Trainingsdaten in den letzten Jahren dramatisch erhöht. Dies hat direkte Auswirkungen auf das Deep Learning, da die Effizienz und Genauigkeit dieser Modelle in hohem Maße von der Qualität und Quantität der Trainingsdaten abhängt. Je mehr Daten verfügbar sind, desto tiefere und komplexere neuronale Netze können trainiert werden, was zu verbesserten Fähigkeiten in der Mustererkennung und der Vorhersageleistung führt (vgl. Goodfellow et al., 2016, S. 11).

Parallel zur Verfügbarkeit umfangreicher Datensätze hat sich auch die Computerinfrastruktur, die für die Entwicklung und Anwendung von DL-Modellen erforderlich ist, signifikant weiterentwickelt. Sowohl die Hardware als auch die Software haben im Laufe der Zeit erhebliche Fortschritte erfahren. Die Entwicklung leistungsfähigerer Prozessoren, insbesondere Grafikprozessoren (GPU), und die Verfügbarkeit von spezialisierten Frameworks und Bibliotheken haben es ermöglicht, dass DL-Modelle in ihrer Komplexität und Größe erheblich zugenommen haben. LeCun et al. (2015) bieten einen Überblick über die Errungenschaften und Potenziale des Deep Learnings in der Erkennung und Klassifizierung komplexer Muster in großen Datensätzen. Die historische Entwicklung des Deep Learnings kann bei Goodfellow et al. (2016, Abschnitt 1.2) nachvollzogen werden.

2.2 Arten des Lernens

Im Machine Learning kann zwischen dem überwachten Lernen (engl. *Supervised Learning*, Abschnitt 2.2.1), dem unüberwachten Lernen (engl. *Unsupervised Learning*, Abschnitt 2.2.2), dem halb-überwachten Lernen (engl. *Semi-Supervised Learning*, Abschnitt 2.2.3) und dem bestärkenden Lernen (engl. *Reinforcement Learning*, Abschnitt 2.2.4) unterschieden werden. Der wesentliche Unterschied zwischen den Lernarten liegt in der Art der Daten, die dem ML-Verfahren zur Verfügung gestellt werden, und in der Weise, wie das ML-Verfahren ein Feedback erhält, um daraus lernen zu können. Nachfolgend erfolgt eine kurze Einführung in die vier Lernarten, wobei der Schwerpunkt auf dem Supervised Learning liegt.

2.2.1 Supervised Learning

In der Literatur existieren verschiedene Definitionen bzw. Beschreibungen, die unterschiedliche Aspekte des Supervised Learnings im Bereich des Machine Learnings hervorheben. Zum Beispiel bezeichnet Bishop (2006, S. 3) alle Anwendungen als Supervised Learning, die auf Basis von Dateninstanzen trainiert werden, welche sowohl Eingabevektoren als auch die entsprechenden Zielvektoren umfassen. Laut Goodfellow et al. (2016, S. 105) werden beim Supervised Learning mehrere Instanzen eines Zufallsvektors x und eines zugehörigen Werts oder Vektors y beobachtet, um dann zu lernen, y aus x vorherzusagen. Dies erfolgt typischerweise durch die Schätzung der bedingten Wahrscheinlichkeit $p(y|x)$.

Haykin (2009, S. 34 f.) beschreibt das Supervised Learning als einen Lernprozess unter der Aufsicht eines Lehrers (siehe Abbildung 2.2). Während des Trainingsprozesses eines Modells stellt der Lehrer die korrekten Antworten oder Lösungen für die entsprechenden Eingabedaten bereit. Der Lehrer leitet den Lernprozess, indem er dem Modell Rückmeldung über die Genauigkeit seiner Vorhersagen gibt.

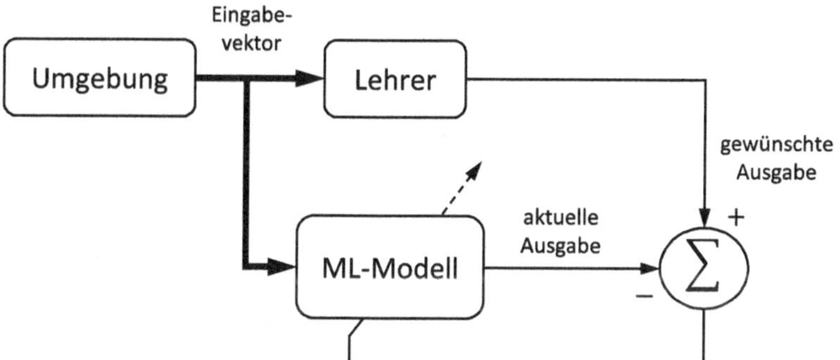

Abbildung 2.2 Lernprozess unter der Aufsicht eines Lehrers (in Anlehnung an Haykin, 2009, S. 35).

Diese Rückmeldung ist von entscheidender Bedeutung, da sie es dem Lernverfahren ermöglicht, die Differenz zwischen den Modellvorhersagen und den vom Lehrer vorgegebenen Zielwerten zu bewerten (Fehlersignal). Auf dieser Grundlage können notwendige Anpassungen am Modell vorgenommen werden. Der

Lernprozess erfolgt über mehrere Iterationen (siehe gestrichelter Pfeil in Abb. 2.2), mit dem Ziel das Fehlersignal zu minimieren.

Des Weiteren betont Haykin (2009), dass beim Supervised Learning das Ziel verfolgt wird, die Generalisierungsfähigkeit des Modells zu optimieren. Dies bedeutet, dass das Modell nicht nur für die im Training verwendeten Daten genaue Vorhersagen treffen kann, sondern auch unbekannte Dateninstanzen korrekt verarbeiten kann. Außerdem hängt der Erfolg des Lernprozesses nicht nur von der korrekten Implementierung des Modells ab, sondern auch maßgeblich von der Qualität, Relevanz und Genauigkeit der Daten, die vom Lehrer bereitgestellt werden.

Zusammenfassend kann festgehalten werden, dass dem Supervised Learning folgende Idee zugrunde liegt. Beim Supervised Learning wird ein Algorithmus anhand von Dateninstanzen trainiert, welche sich aus einem Eingabevektor und dem zugehörigen (gewünschten) Ausgabewert bzw. -vektor zusammensetzen. Die Eingaben werden in der Regel als »Features« und die gewünschte Ausgabe als »Labels« bezeichnet. Ziel des Lernverfahrens ist es, eine Regel oder eine Funktion zu konstruieren, die neue, nicht im Trainingsdatensatz enthaltene Eingaben auf die korrekten Ausgaben abbildet.

Typische Anwendungsprobleme im Bereich des Supervised Learnings sind die Klassifikation und die Regression. Bei der *Klassifikation* besteht das Ziel darin, einen Eingabevektor x einer von M möglichen Klassen bzw. Kategorien zuzuordnen (vgl. Goodfellow et al., 2016, S. 100). Im Bereich des Machine Learnings können verschiedene Klassifizierungsprobleme unterschieden werden, die von der Art der Eingabedaten und des zu lösenden Problems abhängig sind.

Bei der *binären Klassifizierung* wird eine Eingabe in eine von zwei Klassen eingeteilt. Typische Anwendungsfälle sind die E-Mail-Spam-Erkennung und die Diagnose medizinischer Zustände als positiv oder negativ. Die *Multiklassen-Klassifizierung* erweitert die binäre Klassifizierung, indem es mehrere Klassen für die Zuordnung gibt. Ein Beispiel hierfür ist die Handschriftenerkennung, bei der jede Klasse einem Buchstaben des Alphabets entspricht (vgl. Tewari und Bartlett, 2007).

Eine weitere Art der Klassifizierung stellt die *Multilabel-Klassifizierung* dar. Hierbei kann eine Eingabe mehreren Klassen zugeordnet werden. Beispielsweise kann bei der semantischen Szenenklassifizierung ein Foto zu mehr als einer Begriffsklasse gehören. So kann z. B. auf einem Foto ein Sonnenuntergang und gleichzeitig ein Strand abgebildet sein (vgl. Boutell et al., 2004). In ähnlicher Weise kann ein Lied bei der Klassifizierung von Musik zu mehr als einem Genre gehören (vgl. Li und Ogihara, 2003).

Demgegenüber sind bei der *hierarchischen Klassifizierung* die Klassen in einer hierarchischen Ordnung strukturiert. Ziel ist es, eine Eingabe einer Sequenz von

Klassen auf unterschiedlichen Ebenen der Hierarchie zuzuordnen (vgl. Silla und Freitas, 2011).

Während bei der Klassifikation die Ausgabe kategorisch ist, ist die Ausgabe bei der *Regression* kontinuierlich. Ein Beispiel für eine Regressionsaufgabe ist die Vorhersage der erwarteten Schadenssumme, die von einem Versicherten geltend gemacht wird, um auf dieser Basis Versicherungsprämien festzulegen (vgl. Goodfellow et al., 2016, S. 101).

2.2.2 Unsupervised Learning

Im Gegensatz zum Supervised Learning ist beim Unsupervised Learning und Reinforcement Learning kein Lehrer involviert, welcher den Lernprozess überwacht. Die Dateninstanzen sind folglich nicht mit einem Label bzw. einer Zielausgabe gekennzeichnet. Es gibt keine Funktion, welche die Beziehung zwischen Eingabe und Ausgabe beschreibt und die vom Netz erlernt werden soll (vgl. Haykin, 2009, S. 36). Stattdessen verfolgt das Unsupervised Learning das Ziel, Muster und Strukturen innerhalb der Daten eigenständig zu erkennen und zu interpretieren (vgl. Haykin, 2009, S. 37).

Eine der bekanntesten Problemstellungen innerhalb des unüberwachten Lernens ist das *Clustering*. Beim Clustering werden V Objekte K Gruppen zugeordnet, so dass die Ähnlichkeit zwischen den Objekten innerhalb einer Gruppe möglichst hoch und zwischen den einzelnen Gruppen möglichst gering ist. Die resultierenden Gruppen werden als Cluster bezeichnet (vgl. Jain, 2010, S. 2). Zur Beurteilung der Ähnlichkeit können verschiedene Distanzmaße (wie bspw. die euklidische Entfernung) herangezogen werden.

Im Gegensatz zur Klassifikation erfolgt die Gruppierung ohne vorgegebene Klassen. Diese entstehen erst im Zuge des Erkennungsprozesses (vgl. Hastie et al., 2009, S. 501 f.). Werden einem Clusteringverfahren bspw. sehr viele Bilder von Hunden und Katzen übergeben, ist das Verfahren in der Lage Gemeinsamkeiten zu erkennen und die Bilder in Cluster einzuteilen. Das bedeutet, dass das Verfahren fähig ist, eine Gruppe mit Hunden und eine Gruppe mit Katzen zu erzeugen. Es weiß jedoch nicht, dass es sich bei der einen Gruppe um Hunde und bei der anderen Gruppe um Katzen handelt.

Darüber hinaus lassen sich weitere Problemstellungen im Bereich des Unsupervised Learning unterscheiden. Hierzu zählen neben dem Clustering, u. a. die Dimensionsreduktion, Anomalie-Erkennung und die Assoziationsanalyse.

Während das Clustering versucht, ähnliche Datenpunkte zu gruppieren, dient die *Dimensionsreduktion* der Komplexitätsreduktion von Datensätzen. Hierbei werden

Features, die hohe Varianzen aufweisen oder stark miteinander korrelieren, in weniger Dimensionen abgebildet, ohne dass wesentliche Informationen verloren gehen (vgl. Dunteman, 1989).

Die *Anomalie-Erkennung* fokussiert sich auf das Identifizieren von Ausreißern oder ungewöhnlichen Datenpunkten, die erheblich von der Mehrheit abweichen. Diese Abweichungen können auf unterschiedliche Ursachen zurückgeführt werden, wie beispielsweise Messfehler, Datenerfassungsfehler oder der Präsenz von bisher unbekannten Phänomenen. Zu beachten ist, dass ein Teil der in der Literatur zu findenden Verfahren auf gelabelten Probleminstanzen basieren und daher dem Supervised Learning zugeordnet werden müssen (vgl. Chandola et al., 2009).

Die *Assoziationsanalyse* verfolgt das Ziel, häufige Muster oder Regeln in Datensätzen aufzudecken. Zum Beispiel könnte in den Transaktionsdaten von Supermärkten mit Hilfe der Assoziationsanalyse erkannt werden, welche Produkte häufig zusammen gekauft werden (vgl. Hastie et al., 2009, Abschnitt 14.2; Agrawal et al., 1993).

2.2.3 Semi-Supervised Learning

Das überwachte Lernen setzt voraus, dass eine Trainingsdatensammlung verfügbar ist, welche gelabelte Dateninstanzen enthält. Das bedeutet, jede Dateninstanz setzt sich aus einem Eingabevektor und dem zugehörigen, gewünschten Ausgabewert bzw. -vektor zusammen. In der praktischen Anwendung geht das Erzeugen einer solchen Datensammlung jedoch mit einem hohen Zeit- und Kostenaufwand einher, weshalb gelabelte Dateninstanzen oftmals nicht oder nur in einem sehr begrenzten Umfang verfügbar sind. Im Gegensatz dazu sind nicht gelabelte Dateninstanzen, welche im Unsupervised Learning verwendet werden, oftmals in großer Menge verfügbar.

Das Semi-Supervised Learning kombiniert das Supervised Learning und das Unsupervised Learning, indem es sowohl gelabelte als auch nicht gelabelte Dateninstanzen im Zuge des Trainings verwendet. Hierbei wird zum Beispiel ein ML-Modell zunächst anhand der in kleiner Anzahl vorhandenen gelabelten Daten trainiert und entwickelt. Im nächsten Schritt wird das ML-Modell auf die zahlreichen nicht gelabelten Dateninstanzen angewendet, um Vorhersagen und folglich vorläufige Labels zu erzeugen. Anschließend können die neu gewonnenen gelabelten Dateninstanzen zur Feinabstimmung des bisherigen ML-Modells verwendet werden. Darüber hinaus kann zur Feinabstimmung des Modells bspw. eine Analyse der Ähnlichkeiten und Unterschiede zwischen den gelabelten und nicht gelabelten Dateninstanzen erfolgen (vgl. Haykin, 2009, Abschnitt 7.9; Goodfellow et al., 2016,

Abschnitt 7.6). Weiterführende Erläuterungen zum Semi-Supervised Learning können Chapelle et al. (2006) und Lasserre et al. (2006) entnommen werden.

2.2.4 Reinforcement Learning

Das Reinforcement Learning (RL) lässt sich zwischen überwachtem und unüberwachtem Lernen einordnen. Es beschäftigt sich mit der Entwicklung von Algorithmen, welche es einem Agenten ermöglichen, durch Interaktion mit seiner Umgebung und durch das Sammeln von Erfahrungen optimale Handlungen zur Erreichung bestimmter Ziele zu erlernen (vgl. Sutton und Barto, 2018, S. 1 f.). Die grundlegende Idee des Reinforcement Learning basiert auf dem Konzept der *Markow-Entscheidungsprozesse* (MDP), in denen Entscheidungen in einer Umgebung getroffen werden, die durch Zustände (S_t), Aktionen (A_t), Übergangswahrscheinlichkeiten und Belohnungen (R_t) charakterisiert ist. Ein MDP bietet einen mathematischen Rahmen für die Modellierung der Entscheidungsfindung unter Unsicherheit (vgl. Sutton und Barto, 2018, Kapitel 3).

Ein zentrales Element des Reinforcement Learning ist die Verwendung einer Belohnungsfunktion, die dem Agenten Rückmeldung über die Güte seiner Aktionen gibt. Der Agent unternimmt Aktionen in einer gegebenen Umgebung, erhält für jede Aktion eine Belohnung (oder Strafe) und passt seine Politik (d. h. seine Strategie zur Auswahl von Aktionen) an, um den kumulativen langfristigen Gewinn zu maximieren. Der Lernprozess basiert somit auf einem Trial-and-Error-Prinzip, bei dem der Agent durch direkte Interaktion mit der Umgebung Wissen über diese erwirbt (vgl. Kaelbling et al., 1996). Folglich wird die Rolle des Lehrers im Kontext des Supervised Learnings im Reinforcement Learning durch eine Art Kritiksystem ersetzt, das die gewählten Aktionen nicht durch direkte Korrekturhinweise, sondern durch Belohnungen oder Strafen, die auf den Erfolg oder Misserfolg einer Aktion hinweisen, bewertet (vgl. Haykin, 2009, S. 45 f.). Die Interaktion des Agenten mit seiner Umgebung ist in Abbildung 2.3 dargestellt.

Eines der Kernprobleme im Reinforcement Learning ist das *Exploration vs. Exploitation Dilemma*. Der Agent muss einerseits neue, potenziell bessere Aktionen ausprobieren (Exploration), um mehr über die Umgebung zu lernen, andererseits aber auch die besten bereits bekannten Aktionen nutzen (Exploitation), um hohe Belohnungen zu erzielen (vgl. Sutton und Barto, 2018, S. 3).

Verschiedene Algorithmen wurden entwickelt, um RL-Probleme zu lösen. Einer der bekanntesten ist der *Q-Learning Algorithmus*, der es dem Agenten ermöglicht, eine optimale Handlungsstrategie direkt aus den erhaltenen Belohnungen zu erlernen, ohne dass ein explizites Modell der Umgebung existiert (vgl. Watkins, 1989;

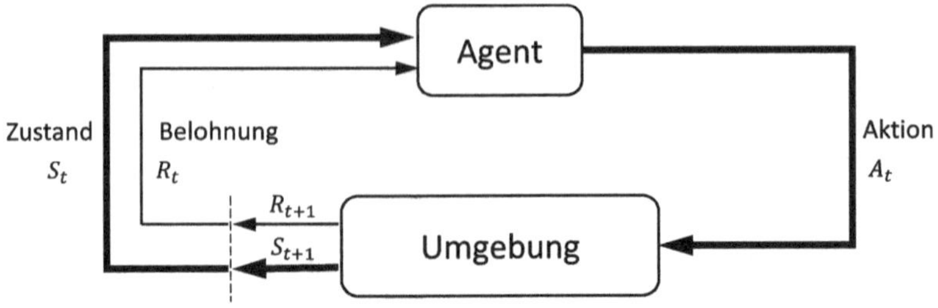

Abbildung 2.3 Interaktion des Agenten mit seiner Umgebung in einem Markow-Entscheidungsprozess (in Anlehnung an Sutton und Barto, 2018, S. 48).

Watkins und Dayan, 1992). Eine Erweiterung des reinen RL-Ansatzes stellt das *Deep Reinforcement Learning* dar, das mehrschichtige neuronale Netze verwendet, um komplexe Umgebungen und Zustandsräume zu verarbeiten. Das Deep Reinforcement Learning findet beispielsweise in der Spieltheorie, im Bereich des autonomen Fahrens oder in komplexen Steuerungsproblemen Anwendung (vgl. Ladosz et al., 2022; Mnih et al., 2015).

2.3 Elemente und Funktionsweise eines KNN

Um dem Leser einen Einsteig in das umfangreiche Themengebiet der künstlichen neuronalen Netze zu ermöglichen, werden im folgenden Kapitel die Elemente und die grundsätzliche Funktionsweise von künstlichen neuronalen Netzen in Kürze vorgestellt. Anschließend erfolgt in den darauffolgenden Kapiteln eine ausführlichere Betrachtung ausgewählter Elemente.

Ein KNN besteht im Wesentlichen aus zahlreichen informationsverarbeitenden Einheiten, welche in der Literatur als *Neuronen*, *Knoten* oder *Units* bezeichnet werden. Wie in Abbildung 2.4 erkannt werden kann, erfolgt die Anordnung der Neuronen in der Regel in verschiedenen Schichten. Die *Eingabeschicht* (engl. *input layer*) ist die erste Schicht des neuronalen Netzes und besteht aus Neuronen, die die Eingangsdaten repräsentieren. Jedes Neuron in dieser Schicht repräsentiert eine Merkmalseingabe (Feature). Diese kann beispielsweise ein Pixel in einem Bild oder eine Information in einem Datensatz sein. Die *Ausgabeschicht* (engl. *output layer*) gibt die Ergebnisse des KNN aus. Zwischen Eingabe- und Ausgabeschicht können sich ein oder mehrere *versteckte Schichten* (engl. *hidden layer*) befinden. Diese sind für die Extraktion von Merkmalen bzw. für die Bildung von abstrakten Darstellungen verantwortlich. Ein Netz mit mehreren versteckten Schichten wird als tiefes neuronales Netz (siehe Abschnitt 2.1.3) bezeichnet (vgl. Goodfellow et al., 2016, S. 168 f.).

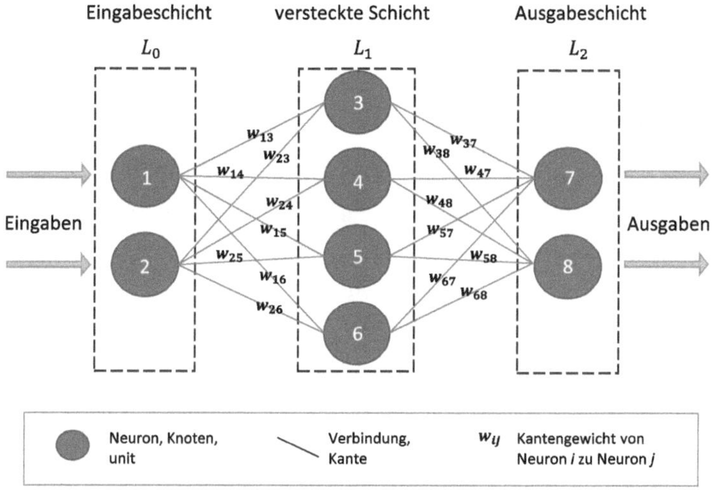

Abbildung 2.4 Beispielhafte Darstellung eines vorwärtsgerichteten und ebenenweise verbundenen KNN mit einer versteckten Schicht

Die Neuronen einer Schicht sind über gerichtete *Kanten* mit Neuronen der darauffolgenden oder auch derselben Schicht verbunden. Hierbei ist jede Kante mit einer Gewichtung w_{ij} versehen, welche die Signalweitergabe von einem Neuron i zum Neuron j beeinflusst (vgl. Zell, 1994, S. 72). Ein Überblick zu allgemeinen Netzstrukturen ist in Abschnitt 2.4 zu finden. Alle Gewichte können im Rahmen des Lernprozesses angepasst werden, um die Leistung des Netzes zu verbessern.

Hinsichtlich der Schichtanzahl eines KNN lassen sich in der Literatur verschiedene Zählweisen identifizieren. Ein sehr häufig verwendeter Ansatz, welcher auch in der vorliegenden Arbeit Anwendung findet, berücksichtigt bei der Gesamtanzahl an Schichten lediglich alle versteckten Schichten und die Ausgabeschicht. Die Eingabeschicht wird hingegen nicht mitgezählt, da in ihr keine Berechnungen erfolgen (vgl. Haykin, 2009, S. 21). Aus diesem Grund wird sie oftmals mit L_0 bezeichnet. Für alle darauffolgenden Schichten erhöht sich der Schichtindex von Schicht zu Schicht um den Wert 1 (siehe Abb. 2.4). Folglich handelt es sich bei dem in Abb. 2.4 dargestellten Netz um ein zweischichtiges Netz mit einer versteckten Schicht.

Die *Vorwärtspropagation* ist der Prozess, bei dem die Eingabesignale durch das Netzwerk fließen, um die Ausgabe zu generieren. Die Informationsverarbeitung innerhalb eines Neurons j ist in Abb. 2.5 dargestellt und kann wie folgt beschrieben werden.

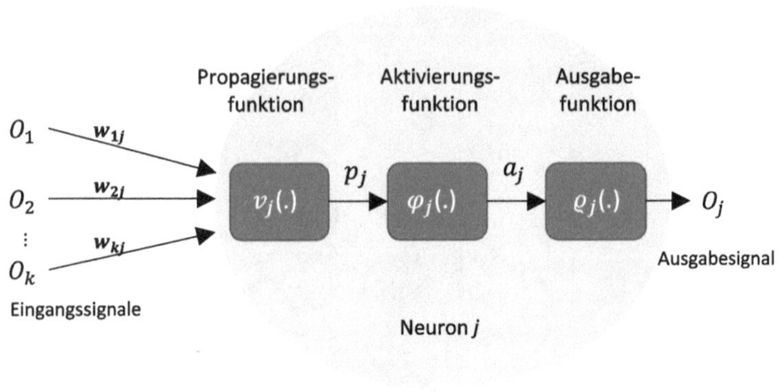

Abbildung 2.5 Informationsverarbeitung innerhalb eines Neurons (in Anlehnung an Haykin, 1999, S. 11).

Im ersten Schritt werden alle eingehenden Signale der vorgelagerten Neuronen unter Berücksichtigung ihrer Gewichtung mittels der Eingangs- bzw. *Propagierungsfunktion* $v_j(\cdot)$ aus dem n-dimensionalen in den eindimensionalen Raum transformiert ($R^n \mapsto R$). Hierbei findet in der Regel Gl. (2.1) Anwendung, nach der alle Eingangssignale o_i mit ihrer Gewichtung w_{ij} multipliziert und anschließend zum Nettoeingabewert p_j aufsummiert werden (vgl. Haykin, 1999, S. 11 f.; Zell, 1994, S. 72 f.).

$$p_j := \sum_{i=1}^{k} w_{ij} \cdot o_i \tag{2.1}$$

Nach Hertz et al. (1991, S. 4) sind darüber hinaus jedoch auch andere Propagierungsfunktionen denkbar (siehe Gl. (2.2)–(2.4)).

$$p_j := \prod_{i=1}^{k} w_{ij} \cdot o_i \tag{2.2}$$

$$p_j := \max_{i=1}^{k} w_{ij} \cdot o_i \tag{2.3}$$

$$p_j := \min_{i=1}^{k} w_{ij} \cdot o_i \tag{2.4}$$

Im Anschluss ermittelt die *Aktivierungsfunktion* $\varphi_j(\cdot)$, ob und in welcher Höhe ein Signal weitergeben werden soll. Dabei wird in der Regel für alle Neuronen innerhalb einer Schicht dieselbe Aktivierungsfunktion angewendet. Ein Überblick zu verschiedenen Aktivierungsfunktionen wird in Abschnitt 2.5 gegeben.

Laut Haykin (1999) wird im letzten Schritt das Ausgabesignal über die *Ausgabefunktion* $\varrho(\cdot)$ für eine Weitergabe an einen nachfolgenden Knoten bzw. im Falle der Ausgabeschicht für eine Weitergabe an die Umwelt aufbereitet. Da jedoch als Ausgabefunktion in der Regel Gl. (2.5) angewendet wird, wonach das Aktivitätslevel des Neurons a_j direkt als Ausgabe verwendet wird, wird in neueren Publikationen sehr häufig auf eine separate Darstellung der Ausgabefunktion verzichtet (vgl. Haykin, 2009, S. 10 ff.).

$$o_j := a_j \tag{2.5}$$

Es kann festgehalten werden, dass innerhalb eines Neurons einfache Berechnungsschritte zur Ermittlung der Aktivierung durchgeführt werden. Seine Rechenleistung erhält ein KNN durch die Parallelität der eingesetzten Neuronen.

Nach der Vorwärtspropagation wird die Abweichung zwischen den vorhergesagten Ausgaben und den gewünschten Ausgaben anhand einer geeigneten *Kostenfunktion*[2] (siehe Abschnitt 2.6) bewertet (vgl. Goodfellow et al., 2016, S. 82). Die anschließende *Rückwärtspropagation* (engl. *Backpropagation*) ist der Prozess, bei dem der Fehler durch das Netzwerk zurück propagiert wird, um die Gewichtungen der Kanten anzupassen und die Leistung des Netzes zu verbessern (vgl. Rummelhart et al., 1986). Zur Minimierung der Kostenfunktion wird als *Optimierer* bspw. das sogenannte Gradientenabstiegsverfahren angewendet. Das *Backpropagation-Verfahren* und ausgewählte Erweiterungen werden in Abschnitt 2.7 näher betrachtet.

2.4 Netzstrukturen / Netztopologie

In Abhängigkeit der Neuronenanzahl, Art und Anzahl der Kanten zwischen den Neuronen und ihrer Anordnung in Schichten ergeben sich unterschiedliche Netzstrukturen. Die Netzstruktur ist eng mit dem Lernverfahren (siehe Abschnitt 2.7) verbunden, das zum Trainieren des Netzes verwendet wird (vgl. Haykin, 2009, S. 21).

[2] In der Literatur wird die Kostenfunktion (engl. *cost function*) auch als Verlustfunktion (engl. *loss function*), Fehlerfunktion (engl. *error function*) oder Zielfunktion (engl. *objective function*) bezeichnet. Nachfolgend werden diese Begriffe äquivalent verwendet.

KNNs lassen sich in Abhängigkeit der Richtung der Signalweitergabe innerhalb des Netzes grundsätzlich in vorwärtsgerichtete (engl. *feedforward*) und rekurrente (engl. *recurrent*) Netze unterteilen (vgl. Zell, 1994, S. 78; Haykin, 2009, S. 21 f.). Haykin (2009) unterscheidet darüber hinaus zwischen einschichtigen (engl. *single-layer*) und mehrschichtigen (engl. *multilayer*) Netzen. Letztere weisen im Gegensatz zu einschichtigen Netzen mindestens eine oder mehrere versteckte Schichten auf.

2.4.1 Feedforward-Netze

In Feedforward-Netzen existieren keine Rückkopplungsschleifen, weshalb die Daten nur in eine Richtung durch das Netz von der Eingangschicht zur Ausgabeschicht fließen können. Ein mehrschichtiges Feedforward-Netz wird in der Literatur auch als Mehrschichten-Perzeptron (engl. *Multilayer Perceptron* (MLP)) bezeichnet (vgl. Goodfellow et al., 2016, S. 168). Bei einem Perzeptron handelt es sich um ein sehr triviales KNN, das lediglich aus einer einzigen Verarbeitungseinheit besteht und in Abhängigkeit der Eingabe den Wert 0 oder 1 ausgibt. Das Perzeptron kann bspw. für eine binäre Klassifizierung verwendet werden, sofern die Daten linear separierbar sind (vgl. Rosenblatt, 1958; Rosenblatt, 1962).

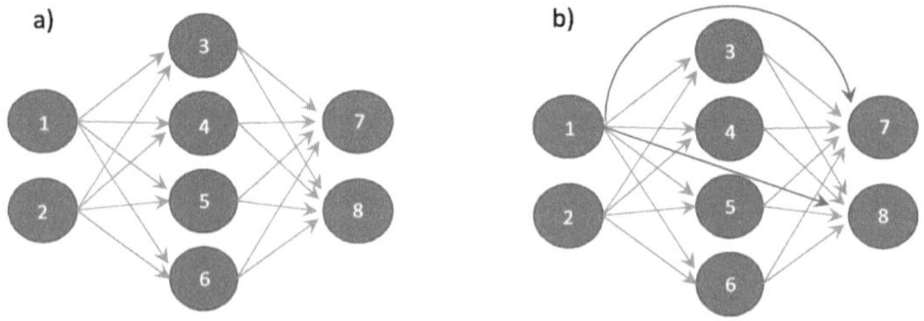

Abbildung 2.6 Feedforward-Netze: a) ebenenweise verbunden, b) mit shortcut connections (in Anlehnung an Zell, 1994, S. 79).

Innerhalb der Feedforward-Netze können laut Zell (1994, S. 78) Netze *ebenenweise* verbunden sein. Dies bedeutet, dass die Neuronen in Schichten eingeteilt sind und nur vorwärtsgerichtete Kanten von einer Schicht zur darauffolgenden Schicht existieren. Hierbei ist es grundsätzlich denkbar, dass nicht alle Neuronen Verbindungen zu den Neuronen der darauffolgenden Schicht aufweisen. Haykin (2009) spricht in diesem Fall von einem teilweise verbundenen (engl. *partially connected*)

Netz.[3] Weist das Netz zusätzlich Verbindungen auf, bei denen einzelne Schichten übersprungen werden, handelt es sich laut Zell (1994, S. 78) um Feedforward-Netze mit *shortcut connections*. Beide Netztypen sind in Abb. 2.6 dargestellt.[4]

2.4.2 Rekurrente Netze

Rekurrente Netze weisen neben vorwärtsgerichteten Kanten auch Verbindungen in Rückwärtsrichtung auf, wodurch Rückkopplungen entstehen. Hierbei können Verbindungen von einem Neuron sowohl direkt als auch unter Einbindung weiterer Neuronen zurück zum Ausgangsneuron führen. In diesem Kontext ist die Propagierung der Eingabesignale durch das Netz nicht trivial, da die Aktivierungen der Neuronen nicht mehr simultan berechnet werden können. Stattdessen müssen die Aktivierungen der Neuronen unabhängig voneinander und zu unterschiedlichen Zeitpunkten ermittelt werden (vgl. Rojas, 1993, S. 49).

Im Unterschied zu Feedforward-Netzen sind rekurrente Netze in der Lage, Eingabesequenzen mit beliebiger Länge zu verarbeiten. Dazu werden Informationen von früheren Verarbeitungsschritten über Rückkopplungsschleifen im Netz gespeichert und für die Verarbeitung späterer Eingaben genutzt. Rekurrente Netze eignen sich daher besonders für sequenzbasierte Aufgaben wie Spracherkennung, Textgenerierung und Zeitreihenanalyse. Ein Hauptnachteil traditioneller rekurrenter Netze ist jedoch ihr Umgang mit dem Problem des *verschwindenden* bzw. *explodierenden Gradienten*[5], welches das Lernen über lange Sequenzen hinweg erschwert (vgl. Hochreiter et al., 2001; Pascanu et al., 2013).

Rekurrente Netze lassen sich nach Zell (1994, S. 78 f.) in Netze mit direkten Rückkopplungen (engl. *direct feedback*), Netze mit indirekten Rückkopplungen (engl. *indirect feedback*), Netze mit lateralen Rückkopplungen (engl. *lateral feedback*) und in vollständig verbundene rekurrente Netze unterteilen.

In Netzen mit *direkten* Rückkopplungen hat ein Neuron die Möglichkeit, seine eigene Aktivierung zu verstärken oder zu schwächen. Dabei wird das Ausgabesignal des Neurons direkt zurück zum Eingang geleitet (siehe Abb. 2.7 a)).

Bei *indirekten* Rückkopplungen hingegen erhält ein Neuron seine Ausgabe unter Einbezug mindestens eines weiteren Neurons aus einer vorherigen Schicht zurück

[3] Alternativ können Verbindungen auch im Zuge des Trainings abgeschaltet werden, indem die jeweilige Gewichtung auf den Wert 0 gesetzt wird (vgl. Scherer, 1997, S. 57).

[4] Scherer (1997, S. 54 ff.) bezeichnet diese Netze als vorwärtsgerichtete Netze 1. Ordnung (*a*) bzw. 2. Ordnung (*b*).

[5] Siehe hierzu Abschnitt 2.5 in Verbindung mit Abschnitt 2.7.

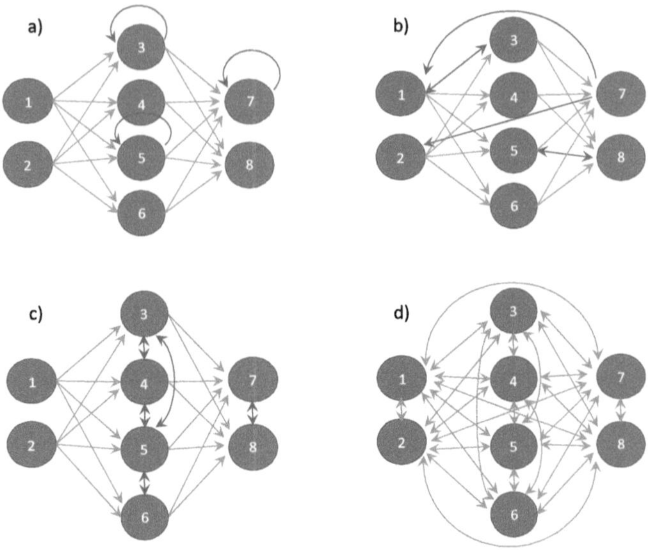

Abbildung 2.7 Rekurrente Netze: a) direkte Rückkopplung, b) indirekte Rückkopplung, c) laterale Rückkopplung (ohne direkte Rückkopplung), d) vollständig verbunden und ohne direkte Rückkopplung. (in Anlehnung an Zell, 1994, S. 79)

(siehe Abb. 2.7 b)). Diese Art der Rückkopplung ermöglicht es dem Netzwerk, dynamische Prozesse und zeitliche Veränderungen zu modellieren. Dies ist besonders wichtig in Anwendungen, bei denen zeitliche Abhängigkeiten auftreten, wie zum Beispiel in der Sprachverarbeitung oder bei der Prognose von Zeitreihen. Durch die Integration von direkten und indirekten Rückkopplungen entstehen Netzstrukturen, die nicht nur die Aktivierung von Neuronen steuern, sondern auch komplexe zeitliche Muster erfassen können (vgl. Haykin, 2009, S. 23; Pascanu et al., 2013).

Neuronale Netze, die über *laterale* Rückkopplungen verfügen, zeichnen sich durch Verbindungen zwischen Neuronen derselben Schicht aus (siehe Abb. 2.7 c)). Diese Struktur erweist sich als besonders nützlich, wenn es erforderlich ist, dass nur ein bestimmtes Neuron innerhalb einer Schicht eine hohe Aktivierung aufweist. Dies lässt sich erreichen, indem die einzelnen Neuronen dieser Schicht hemmende Verbindungen zu den übrigen Neuronen in derselben Schicht aufweisen (vgl. Zell, 1994, S. 78).

In *vollständig verbundenen* rekurrenten Netzen sind alle Neuronen in beide Richtungen miteinander verknüpft (siehe Abb. 2.7 d)). Diese lassen sich nach Scherer

(1997, S. 54) zudem in *symmetrische* ($w_{ij} = w_{ji}$) und *asymmetrische* ($w_{ij} \neq w_{ji}$) Netze unterteilen.

2.4.3 Weitere Netzarchitekturen

Innerhalb des Forschungsgebiets der künstlichen neuronalen Netze können weitere Netztypen unterschieden werden, die für verschiedene Aufgaben und Anwendungen konzipiert sind. Zu den wichtigsten Netzarchitekturen zählen u. a. *Long Short-Term Memory* (LSTM), *Convolutional Neural Network* (CNN) und *Generative Adversarial Network* (GAN). Da diese Netztypen im weiteren Verlauf der Arbeit keine Anwendung finden, soll deren Idee und Funktionsweise im folgenden Kapitel lediglich skizziert werden. Für eine ausführliche Erläuterung wird auf die jeweils angegebenen Quellen verwiesen.

Long Short-Term Memory Network
Long Short-Term Memory Netze stellen eine Weiterentwicklung der einfachen rekurrenten Netze dar und wurden speziell entwickelt, um das Problem des verschwindenden Gradienten zu überwinden. LSTM-Netze führen sogenannte Gedächtniszellen ein, die es dem Netzwerk ermöglichen, Informationen über lange Zeiträume zu speichern oder zu verwerfen. Durch die Verwendung von drei verschiedenen Gates (Input-, Forget- und Output-Gate) können LSTM-Netze relevante von irrelevanten Informationen unterscheiden und somit komplexe Langzeitabhängigkeiten in sequenziellen Daten erfassen (vgl. Hochreiter und Schmidhuber, 1997). LSTM-Netze erweisen sich als besonders leistungsfähig in der Verarbeitung von natürlicher Sprache. Bspw. wendet Google sowohl zur Spracherkennung als auch zur maschinellen Übersetzung (Google Translate) ein LSTM-Netz an (vgl. Sak et al., 2015; Metz, 2016).

Convolutional Neural Network
Ein Convolutional Neural Network ist eine spezielle Art eines Feedforward-Netzes, das insbesondere in der Bild- und Spracherkennung zum Einsatz kommt. Diese Netzarchitektur ist inspiriert von der Arbeitsweise der menschlichen Sehrinde und zeichnet sich durch die Fähigkeit aus, räumliche Hierarchien in Daten zu erkennen. Hierzu werden im Vergleich zu einem klassischen Feedforward-Netz zwei Arten von Schichten, der Convolutional Layer und der Pooling Layer, in einer tiefen Netzwerkstruktur kombiniert (vgl. LeCun et al., 1998; Krizhevsky et al., 2012).

Der *Convolutional Layer* ist das Herzstück eines CNN und besteht aus einer Reihe von Filtern. Jeder dieser Filter wird über die Eingabeschicht bzw. die vorherige Schicht bewegt, um bspw. im Falle der Bilderkennung Merkmale wie Kanten, Texturen oder andere Muster in den Daten zu identifizieren. Diese Operation wird als Faltung bezeichnet. Die Filter werden automatisch während des Lernprozesses angepasst, um spezifische Merkmale zu erkennen, die für die jeweilige Aufgabe relevant sind.

Die identifizierten Merkmale werden in den darauffolgenden Schichten zunehmend abstrakter und komplexer, da jede Schicht auf den Ergebnissen der vorherigen Schicht aufbaut. Auf ein oder mehrere Convolutional Layer folgt in der Regel ein *Pooling Layer*. Ziel dieser ist es, die Dimensionalität der Merkmale zu reduzieren, indem überflüssige Informationen verworfen werden. Auf diese Weise verringert sich die Rechenleistung des Netzes und das Netz wird gleichzeitig robuster gegenüber Variationen hinsichtlich der Merkmale. Dies bedeutet, dass im Fall der Bilderkennung das Netz lernen kann, Objekte unabhängig von kleinen Verschiebungen oder Verzerrungen in den Eingabebildern zu erkennen. Eine ausführliche Erläuterung der Funktionsweise eines CNN und dessen Erweiterungen bzw. Variationen sowie verschiedener Pooling-Techniken (wie bspw. Max-Pooling oder Mean-Pooling) ist in Goodfellow et al. (2016, Kapitel 9) zu finden.

Generative Adversarial Network

Eingeführt von Goodfellow et al. (2014) basieren GANs auf einem kompetitiven Lernansatz, bei dem zwei Netze, ein *Generatornetz* und ein *Diskriminatornetz*, im Rahmen des Trainings gegeneinander antreten. Der Generator erzeugt künstliche Daten mit dem Ziel, diese von echten Daten ununterscheidbar zu machen, während der Diskriminator, ein klassifizierendes Netzwerk, darauf trainiert wird, echte von künstlich generierten Daten zu unterscheiden. Diese dynamische Konkurrenz treibt die Verbesserung beider Netzwerke voran, indem der Generator zunehmend bessere Nachahmungen der Realität generiert, während der Diskriminator fortlaufend geschickter darin wird, Fälschungen zu entlarven (vgl. Goodfellow et al., 2014).

Die Anwendungen von GANs reichen mittlerweile weit über ihre ursprüngliche Konzeption hinaus und umfassen Bereiche wie Bild-zu-Bild-Übersetzung (vgl. Isola et al., 2017), stilistische Transformationen (vgl. Karras et al., 2019) sowie in jüngerer Zeit die Generierung von Text-zu-Bild-Inhalten (vgl. Creswell et al., 2018). Trotz ihres Potenzials stößt die Entwicklung und das Training von GANs auf signifikante Herausforderungen wie instabile Trainingsdynamiken und das Problem des *Mode Collapse*, bei dem der Generator lediglich eine begrenzte Vielfalt von Ausgaben produziert. Ein Überblick zu verschiedenen Methoden zum Training und zur Konstruktion von GANs ist in Creswell et al. (2018) dargestellt.

2.5 Aktivierungsfunktionen

Im Laufe der Zeit sind sehr unterschiedliche Aktivierungsfunktionen entwickelt worden. Die Aktivierungsfunktion bestimmt das Aktivitätslevel a_j und damit den Ausgabewert eines Neurons j.

Als Eingabe wird grundsätzlich der mittels Propagierungsfunktion aufbereitete Nettoeingabewert p_j benötigt. Laut Zell (1994, S. 72) kann darüber hinaus auch der Aktivierungszustand zum Zeitpunkt t sowie ein Schwellenwert bzw. Bias θ_j in die Ermittlung des Aktivitätslevels a_j miteinbezogen werden. Der Bias erhöht oder verringert den Nettoeingabewert (vgl. Haykin, 2009, S. 12). Die allgemeine Formel für das Aktivitätslevel zum Zeitpunkt $t + 1$ ist in Gl. (2.6) dargestellt (vgl. Zell, 1994, S. 72).

$$a_j(t+1) := \varphi_j(p_j, a_j(t), \theta_j) \tag{2.6}$$

Laut Scherer (1997, S. 48) wird in der Regel auf die Berücksichtigung des Aktivierungszustands zum Zeitpunkt t verzichtet. Des Weiteren kann der Bias auch über ein zusätzliches Eingangssignal mit dem konstanten Wert $+1$ und einer Gewichtung θ_j integriert werden. Dies hat den Vorteil, dass der Bias im Zuge des Trainings über seine Gewichtung angepasst werden kann (vgl. Haykin, 2009, S. 11 ff.). Außerdem kann auf diese Weise mit Hilfe des Bias sichergestellt werden, dass der Nettoeingabewert für das Neuron j ungleich 0 ist, selbst wenn die Ausgabesignale der vorangehenden Schicht alle den Wert 0 aufweisen (vgl. Russell und Norvig, 2021, S. 803).

In den folgenden Erläuterungen wird (sofern nicht anders angegeben) davon ausgegangen, dass der Bias über ein zusätzliches Eingangssignal berücksichtigt wird und der Aktivierungszustand zum Zeitpunkt t keine Berücksichtigung findet. Es ergibt sich daher für die Ermittlung des Aktivitätslevels von Neuron j Gl. (2.7).

$$a_j := \varphi_j(p_j) \tag{2.7}$$

Mit Hilfe der Aktivierungsfunktion können irrelevante Signale aussortiert bzw. abgeschwächt werden. Die grundsätzliche Idee lässt sich anhand der Heaviside-Sprungfunktion, auch Schwellenwertfunktion genannt (siehe Zell, 1994, S. 90), veranschaulichen (siehe Gl. (2.8)). Falls der Nettoeingabewert p_j (nach Berücksichtigung des Bias) größer oder gleich 0 ist, nimmt die Heaviside-Sprungfunktion den Wert 1, ansonsten den Wert 0 an. In der grafischen Darstellung hat die Heaviside-Sprungfunktion einen Sprung bei $x = 0$ (siehe Abb. 2.8).

Heaviside-Sprungfunktion:

$$a_j := \begin{cases} 1 & wenn \quad p_j \geq 0, \\ 0 & sonst \end{cases} \tag{2.8}$$

Ein Nachteil dieser Funktion ist, dass diese nicht an allen Stellen differenzierbar ist. Die *Differenzierbarkeit* einer Funktion ist jedoch für bestimmte Lernverfahren, wie bspw. den Backpropagation Algorithmus (siehe Abschnitt 2.7.2), eine notwendige Voraussetzung (vgl. Zell, 1994, S. 90).

Eine weitere wichtige Eigenschaft von Aktivierungsfunktionen ist ihre *Nicht-Linearität*. Würden in einem mehrschichtigen KNN ausschließlich lineare Aktivierungsfunktionen verwendet werden, wäre das KNN unfähig nichtlineare Zusammenhänge zu erkennen und darzustellen. Es könnte vielmehr in ein einschichtiges Netz überführt werden, weshalb seine Leistungsfähigkeit sehr begrenzt wäre (vgl. Zell, 1994, S. 89 f.). Gemäß dem universellen Approximationstheorem ist ein dreischichtiges KNN, bei dem die erste versteckte Schicht nichtlinear und die zweite versteckte Schicht linear ist, in der Lage jede kontinuierliche Funktion mit beliebiger Genauigkeit zu approximieren (vgl. Pinkus, 1999; Russell und Norvig, 2021, S. 803).

In den folgenden Kapiteln werden die wichtigsten Aktivierungsfunktionen im Bereich des Deep Learnings vorgestellt. In Abschnitt 2.5.1 werden zunächst sigmoide Funktionen erläutert, die vorwiegend in den Anfangsjahren der Entwicklung von KNNs eingesetzt wurden. Demgegenüber betrachten Abschnitt 2.5.2 und 2.5.3 Aktivierungsfunktionen, welche auf der Rectified Linear Unit bzw. der Exponential Linear Unit basieren. Beide Gruppen von Aktivierungsfunktionen werden in vielen aktuellen Forschungsarbeiten erfolgreich eingesetzt. Im Anschluss werden in Abschnitt 2.5.4 weitere wichtige Aktivierungsfunktionen vorgestellt, welche sich keiner der zuvor genannten Gruppen zuordnen lassen. Ein aktueller Überblick zu Aktivierungsfunktionen ist bspw. bei Nwankpa et al. (2021) und Dubey et al. (2022) zu finden.

2.5.1 Sigmoide Funktionen

Als Alternative zur zuvor genannten Heaviside-Sprungfunktion können bspw. sigmoide Funktionen verwendet werden. Diese sind stetig, monoton steigend und an jeder Stelle differenzierbar. Der asymptotische Verlauf der Funktionen stellt sicher, dass das Aktivierungslevel in der Höhe sowohl nach oben als auch nach unten begrenzt ist. Es kann im Allgemeinen zwischen der *logistischen Funktion* (siehe Gl. (2.9)) und dem *Tangens hyperbolicus* (siehe Gl. (2.10)) unterschieden werden (vgl.

Haykin, 2009, S. 14). Beide Funktionen sowie die Heaviside-Sprungfunktion sind in Abbildung 2.8 dargestellt.

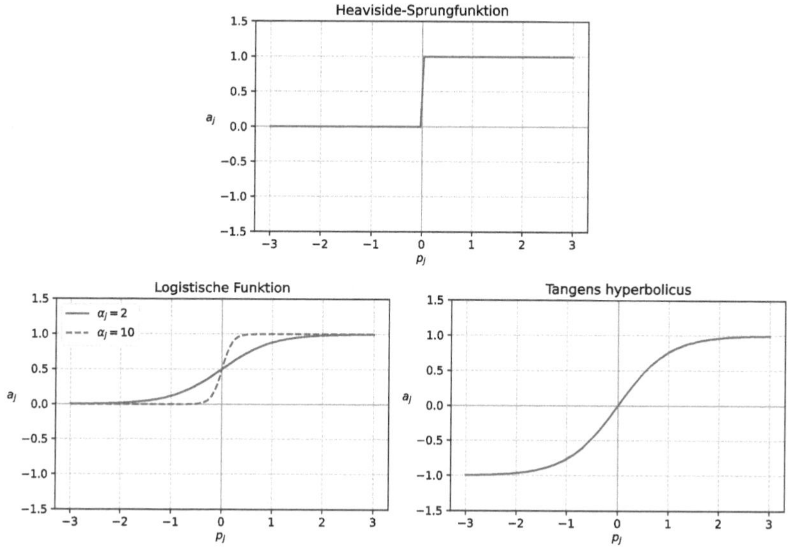

Abbildung 2.8 Heaviside-Sprungfunktion und sigmoide Funktionen

Logistische Funktion:[6]

$$a_j := \frac{1}{1 + e^{-\alpha_j \cdot p_j}} \tag{2.9}$$

Während die Heaviside-Sprungfunktion nur die Werte 0 und 1 ausgeben kann, kann das Aktivitätslevel bei Verwendung der logistischen Funktion alle Werte zwischen 0 und 1 annehmen. Ein Nachteil der logistischen Funktion ist, dass diese eine Sättigungskurve beschreibt und folglich nur sehr langsam gegen den Wert 0 und 1 konvergiert. Dies bedeutet, dass ab einem gewissen Aktivitätslevel eine konstante Erhöhung der Nettoeingabe mit einer sinkenden Erhöhung des Ausgabewertes einher geht. Dieses Verhalten führt zum sogenannten Problem des verschwindenden Gradienten.

Das *Problem des verschwindenden Gradienten* beschreibt ein Phänomen, bei dem sich der Gradient der Kostenfunktion in Bezug auf ein Gewicht w_{ij} dem Wert 0

[6] Mittels α_j kann die Steigung der Kurve angepasst werden.

annähert. Da in vielen Lernverfahren die Anpassung der Gewichte anhand des jeweiligen Gradienten erfolgt (siehe Abschnitt 2.7), führt dies dazu, dass die Gewichte im Rahmen des Trainings nicht mehr bzw. kaum noch geändert werden. Folglich wird die Trainingsphase im Falle eines verschwindenden Gradienten vorzeitig beendet (vgl. Russell und Norvig, 2021, S. 806 f.).

Ein weiterer Nachteil ist, dass die Ausgabe der logistischen Funktion nicht um den Wert 0 zentriert ist, was sich negativ auf das Konvergenzverhalten auswirkt (vgl. Dubey et al., 2022, S. 93).

Der Tangens hyperbolicus (siehe Gl. (2.10)) ähnelt stark der logistischen Funktion (siehe Abb. 2.8). Im Gegensatz zur logistischen Funktion kann der Tangens hyperbolicus Werte zwischen -1 und 1 ausgeben. Der Tangens hyperbolicus weist damit zwar die Eigenschaft der Nullzentrierung auf, leidet jedoch ebenfalls unter dem Problem des verschwindenden Gradienten.

Tangens hyperbolicus:

$$a_j := \frac{e^{p_j} - e^{-p_j}}{e^{p_j} + e^{-p_j}} \tag{2.10}$$

Sowohl die logistische Funktion als auch der Tangens hyperbolicus wurden in den Anfängen der neuronalen Netze sehr häufig verwendet. Dennoch erweisen sich beide Aktivierungsfunktionen hinsichtlich des Trainings von tiefen neuronalen Netzen aufgrund des Problems des verschwindenden Gradienten als sehr herausfordernd bzw. ungeeignet. Aus diesem Grund wurden im Laufe der Zeit verschiedene Erweiterungen der sigmoiden Funktionen vorgeschlagen (siehe bspw. Chandra und Singh, 2004; Roy et al., 2023), welche die genannten Nachteile sowie die Rechenkomplexität reduzieren sollen. Für einen vollständigen Überblick wird auf Dubey et al. (2022) und Nwankpa et al. (2021) verwiesen.

2.5.2 Rectified Linear Unit

Eine weitere Art von Aktivierungsfunktion stellt die *Rectified Linear Unit* (ReLU) dar (vgl. Nair und Hinton, 2010). Hierbei handelt es sich um eine stückweise lineare Funktion, die den Nettoeingabewert p_j beibehält, wenn dieser ≥ 0 ist.[7] Weist der Nettoeingabewert hingegen einen negativen Wert auf, gibt die Funktion den Wert 0 aus (siehe Gl. (2.11)). Festzuhalten ist, dass das Aktivierungslevel a_j in der Höhe nicht begrenzt wird $[0, \infty)$ und der Gradient für positive Eingaben dem Wert 1 und für negative Eingaben dem Wert 0 entspricht.

[7] In der Literatur wird $a_j := p_j$ auch als Identitätsfunktion bezeichnet.

Rectified Linear Unit:

$$a_j := \begin{cases} p_j & wenn \quad p_j \geq 0, \\ 0 & sonst \end{cases} \tag{2.11}$$

Im Vergleich zur logistischen Funktion und dem Tangens hyperbolicus weist die ReLU-Funktion eine deutlich geringere Rechenkomplexität auf (vgl. Krizhevsky et al., 2012). Allerdings tritt im Falle negativer Eingaben ebenfalls das Problem des verschwindenden Gradienten auf. Trotz dieser Schwäche wird die ReLU-Funktion aufgrund ihrer Einfachheit und verbesserten Leistung sehr häufig bei DL-Modellen eingesetzt (vgl. Glorot et al., 2011; Dubey et al., 2022; Goodfellow et al., 2016, S. 174).[8] Der Name der Aktivierungsfunktion ist auf die ähnliche Funktionsweise eines Gleichrichters (engl. *rectifier*) zurückzuführen (vgl. Hahnloser et al., 2000).[9] Im folgenden Abschnitt werden ausgewählte Varianten der ReLU-Funktion erläutert, welche die mit der ReLU-Funktion verbundenen Nachteile (z. B. Nichtverwendung negativer Werte) reduzieren sollen.

Das Problem des verschwindenden Gradienten wird in der ReLU-Funktion durch die Nichtverwendung negativer Ausgabewerte und dem hierbei resultierenden Gradienten in Höhe von 0 verursacht. Maas et al. (2013) versuchen dieses Problem mit der *Leaky Rectified Linear Unit* (LReLU) zu lösen. Sowohl die ReLU-Funktion als auch die LReLU-Funktion sind in Abbildung 2.9 dargestellt.

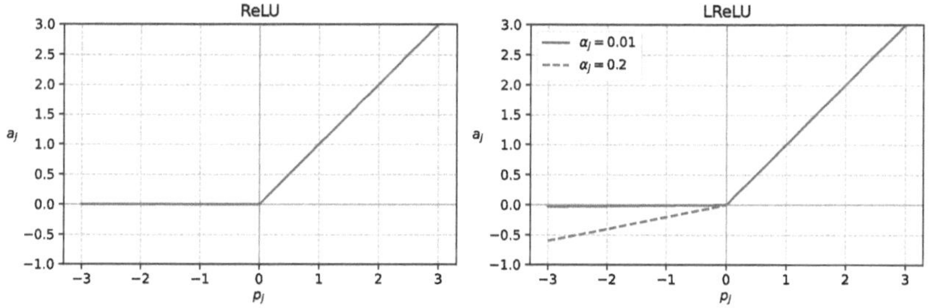

Abbildung 2.9 ReLU und LReLU

[8] Die ReLU-Funktion wurde bspw. auch im AlexNet-Modell von Krizhevsky et al. (2012) eingesetzt. Das AlexNet-Modell stellt eines der bekanntesten CNN im Bereich der Bildklassifizierung dar.

[9] Gleichrichter werden in der Elektrotechnik zur Umwandlung von Wechsel- in Gleichspannung eingesetzt.

Statt im Falle eines negativen Nettoeingabewertes den Wert 0 auszugeben, wird bei der LReLU-Funktion p_j mit einem ex ante festzulegenden Parameter α_j ($= \frac{1}{b_j}$ mit $b_j \in (1, \infty)$) multipliziert. Für den Fall eines positiven Nettoeingabewertes wird p_j als Ausgabe beibehalten (siehe Gl. (2.12)).

Leaky Rectified Linear Unit:

$$a_j := \begin{cases} p_j & wenn \quad p_j \geq 0, \\ \alpha_j \cdot p_j & sonst \end{cases} \quad mit \quad \alpha_j = \frac{1}{b_j}, \quad b_j \in (1, \infty) \tag{2.12}$$

Folglich weist die Ausgabe einen Wertebereich von $(-\infty, \infty)$ auf. Für den Parameter α_j schlagen Maas et al. (2013) den Wert 0.01 vor. Durch das Einfügen einer geringen negativen Steigung für negative Nettoeingabewerte wird sichergestellt, dass die Gradienten während der Trainingsphase zu keinem Zeitpunkt den Wert 0 annehmen.

Ein Problem im Zusammenhang mit LReLU besteht darin, die richtige Steigung der linearen Funktion für negative Eingaben zu finden. Verschiedene Steigungen können für verschiedene Probleme und verschiedene Netze geeignet sein. Daher schlagen He et al. (2015) die sogenannte *Parametric ReLU* (PReLU) vor, bei welcher der Parameter α_j (siehe Gl. (2.12)) als trainierbarer Parameter modelliert wird. D. h. der Parameter α_j kann während des Trainings durch das Lernverfahren angepasst werden. Problematisch bei diesem Ansatz ist, dass es aufgrund des trainierbaren Parameters schneller zu einer Überanpassung des Netzes an die Trainingsdaten (siehe Abschnitt 2.8.2) kommen kann (vgl. Dubey et al., 2022, S. 96).

Als Alternative zur PReLU wird in der *Randomized ReLU* (RReLU)[10] der Parameter α_j aus einer Gleichverteilung zufällig gezogen (siehe Gl. (2.13)).

Randomized Rectified Linear Unit:

$$a_j := \begin{cases} p_j & wenn \quad p_j \geq 0, \\ \alpha_j \cdot p_j & sonst \end{cases} \quad mit \quad \alpha_j \sim U(l, u), \quad l < u \quad und \quad l, u \in [0, 1) \tag{2.13}$$

Neben der Vermeidung bzw. Reduzierung des Problems des verschwindenden Gradienten wurde in einigen Publikationen ebenfalls versucht, die Nichtlinearität der ReLU Aktivierungsfunktion zu erhöhen. Als ein Beispiel ist die *Multi-bin Trainable Linear Unit* (MTLU) zu nennen. Bei dieser Aktivierungsfunktion können für beliebige Wertebereiche unterschiedliche lineare Funktionen hinterlegt werden, deren

[10] Die RReLU wurde erstmals im National Data Science Bowl, einem von Kaggle veranstalteten Datenwissenschaftswettbewerb, vorgeschlagen und verwendet.

Steigungen während des Trainings angepasst werden können (vgl. Gu et al., 2019). Darüber hinaus schlagen Liew et al. (2016) die *Bounded ReLU* (BReLU) vor. Bei dieser ReLU-Funktion wird zur Verbesserung der Trainingsstabilität der Ausgabebereich auf einen ex ante festzulegenden Wert beschränkt.

2.5.3 Exponential Linear Unit

Eine weitere Art von Aktivierungsfunktionen stellen sogenannte *Exponential Linear Units* (ELU) dar (vgl. Clevert et al., 2016). Wie in Gl. (2.14) ersichtlich, gibt die ELU-Funktion analog zur ReLU-Funktion für positive Eingaben den Nettoeingabewert aus. Im Falle eines Nettoeingabewertes ≤ 0 wird hingegen unter Anwendung einer Exponentialfunktion ein negativer Wert ausgegeben, welcher in der Höhe auf den ex ante festzulegenden Parameter α_j beschränkt ist. Die ELU-Funktion weist folglich den Wertebereich $[-\alpha_j, \infty)$ auf.

Clevert et al. (2016) schlagen für den Parameter α_j den Wert 1 vor, da für jeden anderen Wert ($\alpha_j \neq 1$) die Aktivierungsfunktion an der Stelle $p_j = 0$ nicht differenzierbar ist.

Exponential Linear Unit:

$$a_j := \begin{cases} p_j & wenn \quad p_j > 0, \\ \alpha_j \cdot (e^{p_j} - 1) & sonst \end{cases} \quad mit \quad \alpha_j > 0 \tag{2.14}$$

Da ELU-Funktionen negative Werte ausgeben können, ist das durchschnittliche Aktivitätslevel näher am Wert 0, wodurch laut Clevert et al. (2016) ein schnelleres Training ermöglicht wird. Des Weiteren nähern sich die negativen Ausgaben im Falles eines abnehmenden Nettoeingabewertes aufgrund der Exponentialfunktion dem Wert $-\alpha_j$ an. Dieses Sättigungsverhalten im Falle negativer Eingaben führt zu kleinen Gradienten, wodurch die Streuung der Ausgabewerte verringert wird (vgl. Clevert et al., 2016; Hochreiter und Schmidhuber, 1999).

Zur ELU-Funktion sind in der Literatur ebenfalls zahlreiche Erweiterungen zu finden. Zum Beispiel erweitern Klambauer et al. (2017) die ELU-Funktion um einen Skalierungsparameter (*Scaled Exponential Linear Unit* (SELU)), welcher den Gradienten bei positiven Eingaben beliebig vergrößern kann (siehe Gl. (2.15).

Scaled Exponential Linear Unit:

$$a_j := \gamma_j \cdot \begin{cases} p_j & wenn \quad p_j > 0, \\ \alpha_j \cdot (e^{p_j} - 1) & sonst \end{cases} \quad mit \quad \alpha_j > 0, \gamma_j > 1 \tag{2.15}$$

Ähnlich wie bei der ReLU-Funktion kann die Festlegung der Parameter der ELU-Funktion sehr aufwendig sein, da bestimmte Parametrisierungen für einige Netze besser geeignet sind als für andere. Trottier et al. (2017) erweitern die ELU-Funktion um zwei weitere Parameter (β_j, γ_j) zur sogenannten *Parametric ELU* (PELU) (siehe Gl. (2.16)).

Parametric Exponential Linear Unit:

$$a_j := \begin{cases} \gamma_j \cdot p_j & wenn \quad p_j \geq 0, \\ \alpha_j \cdot (e^{\frac{p_j}{\beta_j}} - 1) & sonst \end{cases} \qquad mit \quad \gamma_j = \frac{\alpha_j}{\beta_j}, \quad \alpha_j, \beta_j > 0 \tag{2.16}$$

Für Eingaben ≥ 0 wird der Nettoeingabewert p_j mit dem Parameter γ_j multipliziert. Folglich bestimmt der Parameter γ_j die Steigung der linearen Funktion im positiven Quadranten. Der Parameter β_j wirkt sich hingegen auf das Ausmaß des exponentiellen Rückgangs aus (je größer β_j, desto geringer der Rückgang). Ein wesentlicher Unterschied zur ELU-Funktion ist, dass die Parameter $\alpha_j, \beta_j, \gamma_j$ als trainierbare Parameter implementiert werden, welche im Zuge des Trainings

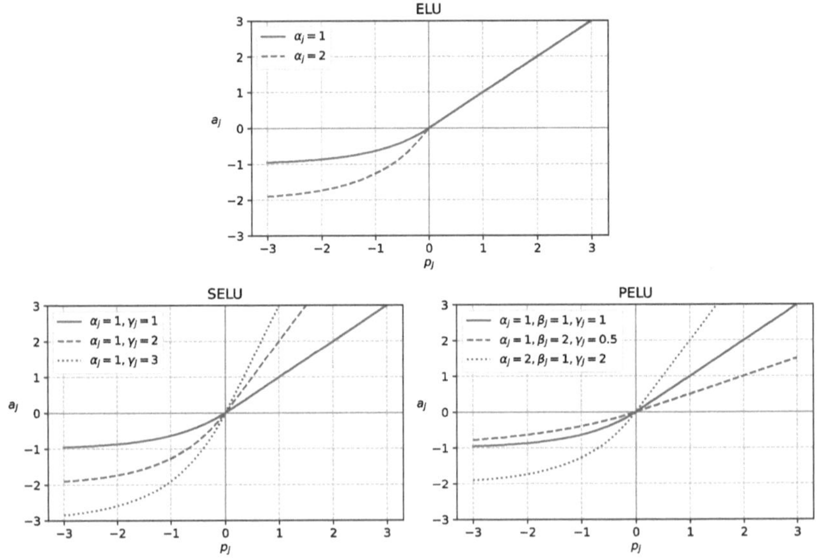

Abbildung 2.10 ELU, SELU und PELU

angepasst werden können. Um jedoch sicherzustellen, dass die Aktivierungsfunktion an der Stelle $p_j = 0$ differenzierbar ist, schlagen Trottier et al. (2017) vor, den Parameter $\gamma_j = \frac{\alpha_j}{\beta_j}$ zu setzen. In Abbildung 2.10 sind die ELU-, SELU- und PELU-Funktion für verschiedene Ausprägungen von α_j, β_j und γ_j dargestellt.

2.5.4 Weitere Aktivierungsfunktionen

Eine Schwäche der ReLU-Funktion (siehe Gl. (2.11)) ist, dass diese für $p_j = 0$ nicht differenzierbar ist. Die von Dugas et al. (2000) vorgeschlagene Aktivierungsfunktion mit dem Namen *Softplus* (siehe Gl. (2.17) und Abb. 2.11) kann als eine geglättete Version der ReLU-Funktion interpretiert werden. Im Gegensatz zur ReLU-Funktion können die Gradienten bei der Softplus-Funktion nicht den Wert 0 annehmen, wodurch sich die Stabilität und Leistung von tiefen neuronalen Netzen verbessern kann (vgl. Zheng et al., 2015). Die Softplus-Funktion gibt Werte im Bereich $(0, \infty)$ aus.

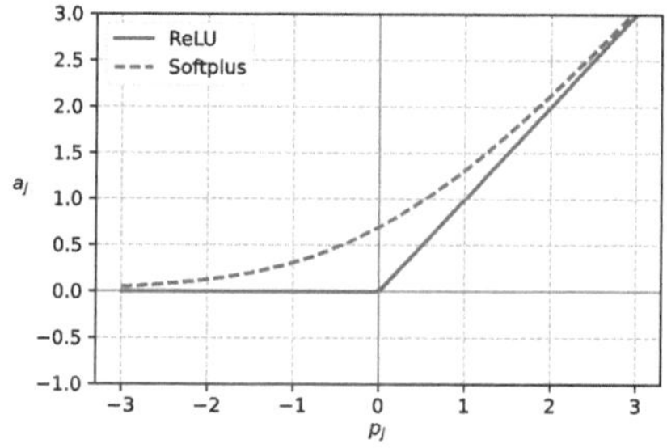

Abbildung 2.11 Softplus und ReLU im Vergleich

Softplus:

$$a_j := \log(1 + e^{p_j}) \tag{2.17}$$

Eine sehr spezielle Aktivierungsfunktion stellt die *Softmax*-Funktion dar, welche auch als normierte Exponentialfunktion bezeichnet werden kann (siehe Gl. (2.18)).

Softmax:

$$a_j := \frac{e^{p_j}}{\sum_{k=1}^{K} e^{p_k}} \quad \forall \quad j = 1, ..., K \tag{2.18}$$

Die Softmax-Funktion besteht aus zwei Komponenten: der Exponentialfunktion (e^{p_j}) und der Normalisierung durch die Summe aller Exponentialwerte. Die Exponentialfunktion wird verwendet, um positive Werte zu erzeugen. Durch die Division der Summe der Exponentialwerte wird sichergestellt, dass die resultierenden Werte zwischen 0 und 1 liegen und alle Werte innerhalb einer Schicht in Summe dem Wert 1 entsprechen. Aus diesem Grund kommt die Softmax-Funktion häufig im Rahmen von Klassifikationsaufgaben in der Ausgabeschicht zum Einsatz, weil die Ausgabe ($o_j = a_j$) dann als die jeweilige Klassenwahrscheinlichkeit der M Klassen interpretiert werden kann (siehe bspw. Krizhevsky et al., 2012). Für binäre Klassifikationsaufgaben kann alternativ auch die logistische Funktion in der Ausgabeschicht angewendet werden (siehe Nwankpa et al., 2021).

Eine weitere häufig verwendete Aktivierungsfunktion stellt die von Goodfellow et al. (2013) vorgestellte *Maxout*-Funktion dar (siehe Gl. (2.19)).

Maxout:

$$a_j := \max_{i=1}^{k}(w_{ji}^T \cdot o_j + \theta_{ji}) \tag{2.19}$$

Die Maxout-Funktion teilt den Eingabevektor o des Neurons j in k Abschnitte auf, multipliziert jeden Abschnitt i mit dem transponierten Gewichtsvektor w_{ji}^T, addiert den entsprechenden Bias-Term θ_{ji} und wählt dann den maximalen Wert aus allen linearen Aktivierungen. Folglich ist die Ausgabe nicht begrenzt und kann jeden reellen Wert annehmen. Zu beachten ist, dass für jeden Abschnitt i ein separater Gewichtsvektor und ein Bias erlernt wird. Aufgrund der höheren Anzahl von Parametern kann daher die Berechnung der Maxout-Funktion rechenintensiver sein als die Berechnung anderer Aktivierungsfunktionen.

Ramachandran et al. (2018) haben unter Einsatz von Reinforcement Learning eine Aktivierungsfunktion mit dem Namen *Swish* entwickelt, welche in Abbildung 2.12 dargestellt ist. Die mathematische Formulierung der Funktion kann Gl. 2.20 entnommen werden.

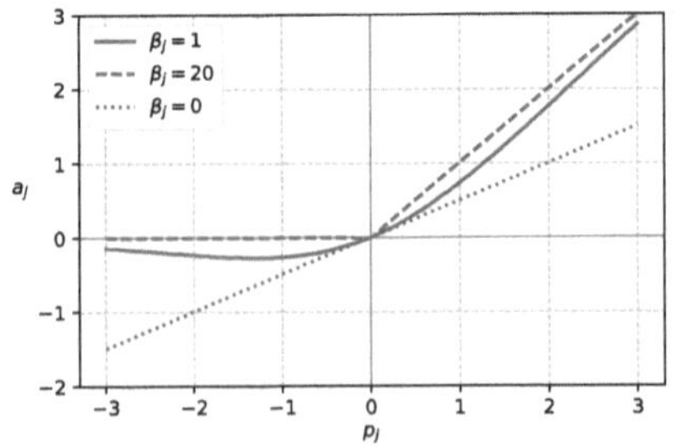

Abbildung 2.12 Swish-Funktion mit unterschiedlichen Ausprägungen für β_j

Swish:

$$a_j := \frac{p_j}{1 + e^{-\beta_j \cdot p_j}} \tag{2.20}$$

Hierbei kann β_j sowohl ein konstanter als auch ein trainierbarer Parameter sein, der während der Trainingsphase angepasst wird. Der Ausgabebereich der Swish-Funktion ist nach oben unbegrenzt und nach unten beschränkt. Eine Ausnahme hiervon stellt $\beta_j = 0$ dar (siehe Abb. 2.12).

Die Swish-Funktion kombiniert lineare und nichtlineare Aktivierungselemente. Wenn der Nettoeingabewert p_j positiv ist, verhält sich die Swish-Funktion linear. Ist p_j hingegen negativ, wird eine sigmoide Transformation auf p_j angewendet, was zu einer nichtlinearen Aktivierung führt. Hierbei ist zu beachten, dass sich die Swish-Funktion für $\beta_j \rightarrow \infty$ der ReLU-Funktion annähert. Wird demgegenüber $\beta_j = 0$ gesetzt, entspricht die Swish-Funktion einer linearen Funktion. Folglich kann der Grad der Nichtlinearität über den Parameter β_j gesteuert werden (siehe Abb. 2.12).

2.6 Kostenfunktionen

Damit die Leistung eines KNN mit Hilfe eines Lernverfahrens (siehe Abschnitt 2.7) verbessert werden kann, wird eine Kostenfunktion benötigt. Diese bewertet die Diskrepanz zwischen der Modellausgabe und der gewünschten Ausgabe und definiert damit ein Maß für die Genauigkeit des Modells. Zum besseren Verständnis und zur Auswahl der richtigen Kostenfunktion ist es notwendig, einige grundlegende Zusammenhänge zu erläutern.

Ein KNN stellt ein parametrisches Modell dar. Ziel ist es, die Parameter des KNN so zu wählen, dass die Wahrscheinlichkeit (engl. *likelihood*), die beobachteten Daten aus der Trainingsdatensammlung mit Hilfe des KNN zu generieren, maximiert wird. Dieses Prinzip wird in der Statistik als *Maximum Likelihood* bezeichnet. Die Likelihood-Funktion beschreibt folglich, wie wahrscheinlich es ist, die beobachteten Daten in Abhängigkeit der Parameter eines statistischen Modells zu erhalten.

Die *Log-Likelihood-Funktion* ist der natürliche Logarithmus der Likelihood-Funktion. Der Übergang zum Logarithmus wandelt Produkte in Summen um, wodurch der Rechenaufwand reduziert wird. Dennoch führt die Maximierung der Log-Likelihood-Funktion zum selben Ergebnis wie die Maximierung der Likelihood-Funktion, da der Logarithmus eine streng monoton wachsende Funktion ist (vgl. Goodfellow et al., 2016, S. 131 f.).

Die Maximierung der Likelihood-Funktion kann auch als Minimierung der Unähnlichkeit zwischen der in den Trainingsdaten enthaltenen empirischen

Verteilung und der durch das parametrische Modell definierten Verteilung (Modellverteilung) interpretiert werden (vgl. Goodfellow et al., 2016, S. 131 f.). Der Grad der Unähnlichkeit zweier Wahrscheinlichkeitsverteilungen kann mit Hilfe der sogenannten *Kullback-Leibler-Divergenz* (KL-Divergenz) gemessen werden, welche aus der Informationstheorie stammt. Die KL-Divergenz ist ein Maß für die Information, die verloren geht, wenn eine Verteilung Q verwendet wird, um eine andere Verteilung P zu approximieren (vgl. Kullback und Leibler, 1951). Die Formel zur Berechnung der KL-Divergenz im Fall von diskreten Verteilungen kann Gl. (2.21) entnommen werden, wobei P die empirische Verteilung, Q die Modellverteilung und x die Zufallsvariable darstellen.

$$D_{KL}(P \parallel Q) := E_{x \sim P}\left[\log \frac{P(x)}{Q(x)}\right] = E_{x \sim P}[\log P(x) - \log Q(x)] \tag{2.21}$$

Eine wichtige Eigenschaft der KL-Divergenz ist es, dass diese keine negativen Werte annehmen kann. Sie weist nur dann einen Wert von 0 auf, wenn P und Q im Fall von diskreten Variablen die gleiche Verteilung haben oder im Fall von kontinuierlichen Variablen an fast jeder Stelle gleich sind (vgl. Goodfellow et al., 2016, S. 74 f.).

Eng verknüpft mit der KL-Divergenz ist die *Kreuzentropie* (engl. *cross-entropy*). Sie misst ebenfalls die Divergenz zwischen zwei Wahrscheinlichkeitsverteilungen. Im Vergleich zur KL-Divergenz hat die Kreuzentropie den Vorteil, dass diese ohne eine separate Berechnung der Entropie[11] der tatsächlichen Verteilung P ermittelt werden kann (siehe Gl. (2.22)).

$$H(P, Q) := -E_{x \sim P}[\log Q(x)] \tag{2.22}$$

Die Minimierung der Kreuzentropie in Abhängigkeit von Q geht mit der Minimierung der KL-Divergenz zwischen den Verteilungen P und Q einher (vgl. Goodfellow et al., 2016, S. 74 f.). Aus diesem Grund wird die Kreuzentropie sehr häufig als Kostenfunktion zum Trainieren von KNNs eingesetzt, wobei die spezifische Form der Kostenfunktion u. a. von der Ausgestaltung der Ausgabeschicht und der zu lösenden Aufgabe abhängig ist und sich deshalb von Modell zu Modell ändert (vgl. Goodfellow et al., 2016, S. 178–181).

[11] Die Entropie einer Verteilung ist ein zentrales Konzept aus der Informationstheorie, das ursprünglich von Shannon (1948) eingeführt wurde. Sie misst die durchschnittliche Unsicherheit oder den Informationsgehalt, der in den Ausprägungen der Zufallsvariablen x enthalten ist.

Zum Beispiel kann in binären Klassifikationsmodellen (Klassenanzahl $M = 2$) die Kreuzentropie gemäß Gl. (2.23) ermittelt werden. Hierbei stellt N die Anzahl an Dateninstanzen in der Trainingsdatensammlung, d_μ die gewünschte Ausgabe und o_μ die tatsächliche Netzausgabe bei Dateninstanz μ dar.

Binäre Kreuzentropie:

$$C := -\frac{1}{N}\sum_{\mu=1}^{N}\left(d_\mu \cdot \log(o_\mu) + (1 - d_\mu)\cdot \log(1 - o_\mu)\right) \tag{2.23}$$

In Mehrfachklassifizierungsproblemen, bei denen die Ausgabe des Netzes als Wahrscheinlichkeitsverteilung über Klassen interpretiert werden kann, wird statt der *binären Kreuzentropie* die *kategoriale Kreuzentropie* (engl. *Categorical Crossentropy*) verwendet. Die Kostenfunktion kann Gl. (2.24) entnommen werden (vgl. Hastie et al., 2009, S. 395). Hierbei ist zu beachten, dass die Kreuzentropie für jede Klasse c separat berechnet und anschließend über alle Klassen aufsummiert wird.

Kategoriale Kreuzentropie:

$$C := -\frac{1}{N}\sum_{\mu=1}^{N}\sum_{c=1}^{M} d_{\mu c} \cdot \log(o_{\mu c}) \tag{2.24}$$

In Regressionsproblemen wird statt der Kreuzentropie häufig der *mittlere quadratischer Fehler* (engl. *Mean Squared Error* (MSE)) als Kostenfunktion verwendet. Der MSE errechnet sich als Durchschnitt der quadratischen Differenzen zwischen der gewünschten Ausgabe und der tatsächlichen Netzausgabe (siehe Gl. (2.25)).

Mittlerer quadratischer Fehler:

$$C := \frac{1}{N}\sum_{\mu=1}^{N}(d_\mu - o_\mu)^2 \tag{2.25}$$

Alternativ zum MSE kann auch der *mittlere absolute Fehler* (engl. *Mean Absolute Error* (MAE)) verwendet werden. Wie in Gl. (2.26) nachvollzogen werden kann, besteht der einzige Unterschied zum MSE darin, dass die Differenzen zwischen der gewünschten Ausgabe und der tatsächlichen Netzausgabe nicht quadriert werden. Aus diesem Grund reagiert der MAE im Vergleich zum MSE weniger empfindlich auf Ausreißer (vgl. Hastie et al., 2009, S. 349 f.).

Mittlerer absoluter Fehler:

$$C := \frac{1}{N} \sum_{\mu=1}^{N} |d_\mu - o_\mu| \tag{2.26}$$

Problematisch an der Verwendung des MSE und MAE als Kostenfunktion ist, dass diese in Verbindung mit einem Gradientenabstiegsverfahren (siehe Abschnitt 2.7.2) und einer saturierenden Aktivierungsfunktion (z. B. sigmoide Funktionen, siehe Abschnitt 2.5.1) in der Ausgabeschicht zu einem langsamen Lernprozess und schlechten Ergebnissen führen kann. Durch die Verwendung der Kreuzentropie kann dieses Problem vermieden werden (vgl. Goodfellow et al., 2016, S. 179, 226).

2.7 Lernverfahren / Optimierer

Eine bedeutende Eigenschaft von KNNs ist ihre generelle Lernfähigkeit. Dies bedeutet, dass ein KNN in der Lage ist, auf Basis einer Vielzahl von Trainingsdaten Erfahrungen zu sammeln und Muster zu erlernen. Der Lernprozess selbst erfolgt, indem die Gewichtungsfaktoren der Verbindungen zwischen den einzelnen Neuronen des KNN so angepasst werden, dass das KNN anschließend das gewünschte Verhalten zeigt.

Wie bereits in Abschnitt 2.2 dargestellt, lassen sich Lernverfahren grundsätzlich in die vier Gruppen *überwachtes*, *halb-überwachtes*, *unüberwachtes* und *bestärkendes* Lernen unterteilen. Im Folgenden werden einige Verfahren zur Gewichtsanpassung beschrieben, die beim überwachten aber auch beim unüberwachten Lernen zum Einsatz kommen können. Hierbei werden die Gewichtungsfaktoren w_{ij} in der Regel nicht in jedem Iterationsschritt t neu berechnet, sondern vielmehr mittels der Abweichung Δ von t zu $t + 1$ angepasst (siehe Gl. (2.27)). In den folgenden Ausführungen wird auf eine explizite Darstellung des Index t verzichtet.

$$\Delta w_{ij}(t + 1) := w_{ij}(t) + \Delta w_{ij}(t + 1) \tag{2.27}$$

2.7.1 Lernregeln

Die *Hebb'sche Lernregel* ist eine grundlegende Regel im Bereich der neuronalen Netze und beschreibt einen Mechanismus, durch den Verbindungen zwischen Neuronen gestärkt werden, wenn diese gleichzeitig aktiv sind. Wenn Neuron i dazu neigt, Neuron j zu aktivieren, und dies wiederholt geschieht, wird die Verbindung zwischen Neuron i und j verstärkt. Dies geschieht indem das Kantengewicht w_{ij} erhöht wird (vgl. Hebb, 1949). Mathematisch kann dies anhand von Gl. (2.28) ausgedrückt werden.

$$\Delta w_{ij} := \eta \cdot o_i \cdot a_j \tag{2.28}$$

Hierbei stellt η eine Lernrate dar. Diese beschreibt, wie stark die Gewichtung je Lernzyklus angepasst werden soll. Es sei darauf hingewiesen, dass die Hebb'sche Lernregel eine sehr grundlegende Form des Lernens darstellt und in komplexeren Modellen oft durch weitere Mechanismen und Regeln ergänzt wird.

Die *Delta-Lernregel* geht ursprünglich auf die Arbeit von Widrow und Hoff (1960) zurück, weshalb die Regel vereinzelt auch unter dem Namen *Widrow-Hoff-Regel* zu finden ist. Widrow und Hoff (1960) betrachten in ihrer Arbeit lediglich ein einschichtiges Netz, bestehend aus Eingabe- und Ausgabeschicht. Zudem weisen alle Neuronen der Ausgabeschicht eine lineare Aktivierungsfunktion auf. Die Idee der Delta-Regel besteht darin, die Differenz (Delta) zwischen der tatsächlichen und der gewünschten Ausgabe zu verwenden, um die zur Fehlerminimierung notwendigen Anpassungen an den Gewichtungen vorzunehmen. Die Delta-Regel ist wie folgt definiert:

$$\Delta w_{ij} := \eta \cdot o_i \cdot (d_j - o_j) = \eta \cdot o_i \cdot \delta_j \tag{2.29}$$

Hierbei stellt δ_j die Abweichung zwischen gewünschter Ausgabe d_j und tatsächlicher Ausgabe o_j des Neurons j dar. Wie zu erkennen ist, ist die Gewichtsänderung Δw_{ij} proportional zur Differenz δ_j.

Problematisch an Gl. (2.29) ist, dass diese lediglich für ein einschichtiges Netz mit linearen Aktivierungsfunktionen verwendet werden kann. Grund hierfür ist u. a., dass in mehrschichtigen Netzen nicht bekannt ist, welcher Ausgabewert für Neuronen in den versteckten Schichten erwünscht ist (d_j), weshalb an dieser Stelle im Netz kein δ_j ermittelt werden kann. Stattdessen kann für mehrschichtige Netze mit nichtlinearen Aktivierungsfunktionen die *Backpropagation-Regel* verwendet werden. Sie stellt eine Verallgemeinerung der Delta-Regel von Widrow und Hoff (1960) dar und wird im nachfolgenden Kapitel im Rahmen des Backpropagation Algorithmus näher betrachtet.

2.7.2 Backpropagation Algorithmus

Der Backpropagation Algorithmus stellt ein überwachtes Lernverfahren zum Trainieren von Feedforward-Netzen dar. Ziel des Lernverfahrens ist die Minimierung einer Kostenfunktion (siehe Abschnitt 2.6). Diese bewertet die Diskrepanz zwischen der gewünschten Netzausgabe und der tatsächlichen Netzausgabe (auch als Netzwerkfehler bezeichnet), wobei letztere durch die Modifikation der Gewichte verändert werden kann (vgl. Hertz et al., 1991, S. 117). In den folgenden Ausführungen wird statt dem Begriff »Kostenfunktion« der Begriff »Fehlerfunktion« verwendet.

Abbildung 2.13 zeigt beispielhaft den Netzwerkfehler als Funktion von zwei Gewichten. Wie zu erkennen ist, ergibt sich eine zweidimensionale Fehlerfläche mit Hügeln und Tälern. Um in diesem Fehlergebirge möglichst schnell das globale Minimum der Kosten- bzw. Fehlerfunktion E zu finden, wird im Rahmen des Backpropagation Algorithmus das *Gradientenabstiegsverfahren* angewendet. Die Grundidee dieses Verfahrens ist es, durch eine kontinuierliche Anpassung der Gewichtungen entlang des negativen Gradienten der Fehlerfunktion eine schrittweise Annäherung an das globale Minimum zu erreichen. Hierbei wird in jeder Iteration ausgehend vom aktuellen Fehler die Richtung bestimmt, in der sich der Fehler am schnellsten reduziert (vgl. Jain et al., 1996, S. 39; Zell, 1994, S. 106).

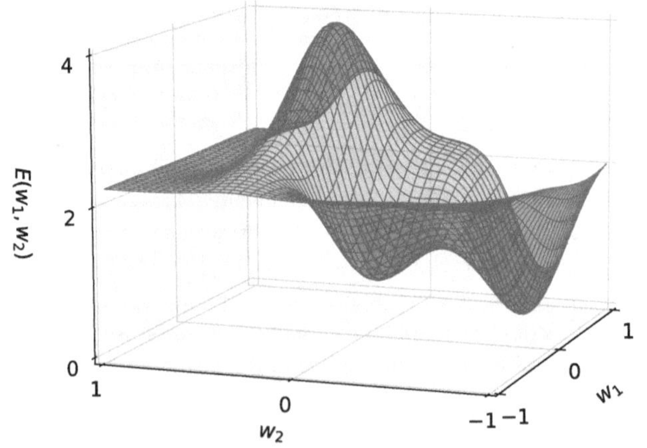

Abbildung 2.13 Fehlerfunktion E in Abhängigkeit der Gewichte w_1 und w_2

In Abbildung 2.13 stellt der Gradient von E an der Stelle (w_1, w_2) einen Vektor in der w_1-w_2-Ebene dar. Dieser beschreibt, in welche Richtung und in welchem

Ausmaß die Fehlerfunktion E an dieser spezifischen Stelle am höchsten ansteigt. Mit Hilfe der partiellen Ableitung der Fehlerfunktion bezüglich dem Gewicht w_1 bzw. w_2 lässt sich der Gradient auf die Richtung von w_1 bzw. w_2 übertragen. Folglich kann die partielle Ableitung dazu verwendet werden, Korrekturen an dem jeweiligen Gewicht vorzunehmen, um den Netzwerkfehler zu minimieren (siehe Gl. (2.30)).

$$\Delta w_{ij} := -\eta \frac{\partial E}{\partial w_{ij}} \tag{2.30}$$

In Gl. (2.30) stellt η die Lernrate und $\frac{\partial E}{\partial w_{ij}}$ die partielle Ableitung des Netzwerkfehlers bezüglich des Gewichts w_{ij} dar. Die Änderung des jeweiligen Gewichts erfolgt hierbei proportional zum negativen Gradienten. An dieser Stelle wird deutlich, dass die Aktivierungsfunktion der Neuronen stetig differenzierbar sein muss. Anderenfalls ist eine effektive Richtungsbestimmung nicht möglich.

Zur Herleitung der Backpropagation-Regel[12] wird im folgenden Abschnitt von einem zweischichtigen Netz mit einer versteckten Schicht ausgegangen. Zur besseren Unterscheidung der Neuronen werden die Eingabeneuronen mit dem Index i, die Neuronen der versteckten Schicht mit dem Index j und die Ausgabeneuronen mit dem Index m beschrieben. Der schematische Aufbau des betrachteten Netzes kann Abbildung 2.14 entnommen werden. Für alle Neuronen wird hinsichtlich der Propagierungsfunktion Gl. (2.1) und bezüglich der Ausgabefunktion Gl. (2.5) unterstellt. Die folgende Herleitung basiert auf den Ausführungen von Rummelhart et al. (1986).

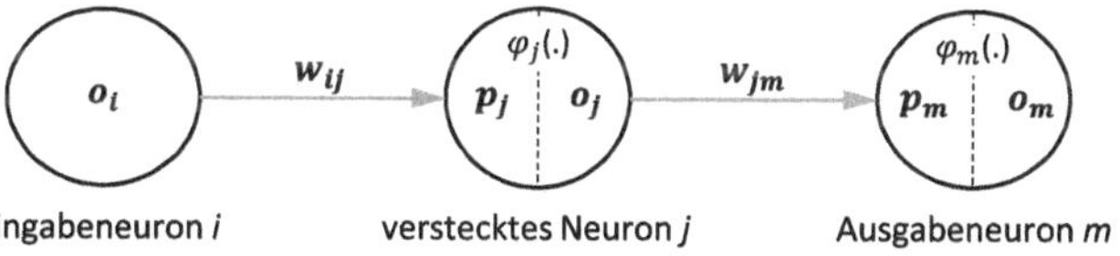

Abbildung 2.14 Schematischer Aufbau des betrachteten Netzes

Für das zuvor beschriebene Netz kann das Eingabesignal p, die Aktivierung a bzw. das Ausgabesignal o von Neuron j in der versteckten Schicht mittels Gl. (2.31) bzw. (2.32) und von Neuron m in der Ausgabeschicht mittels Gl. (2.33) bzw. (2.34) berechnet werden.

---

[12] Die Backpropagation-Regel stellt eine Verallgemeinerung der Delta-Regel von Widrow und Hoff (1960) dar. Sie wird deshalb in der Literatur auch als erweiterte Delta-Regel bezeichnet (vgl. bspw. Rohde, 2005, S. 27).

$$p_j = \sum_i w_{ij} \cdot o_i \tag{2.31}$$

$$o_j = a_j = \varphi_j(p_j) \tag{2.32}$$

$$p_m = \sum_j w_{jm} \cdot o_j \tag{2.33}$$

$$o_m = a_m = \varphi_m(p_m) \tag{2.34}$$

Als Fehlerfunktion E soll im Folgenden die Hälfte der quadrierten Summe der Differenzen zwischen der gewünschten Netzausgabe d_m und der tatsächlichen Netzausgabe o_m verwendet werden (siehe Gl. (2.35)).

$$E := \frac{1}{2} \cdot \sum_m (d_m - o_m)^2 \tag{2.35}$$

Die partielle Ableitung der Fehlerfunktion E nach w_{ij} bzw. w_{jm} kann mithilfe der Kettenregel wie folgt angegeben werden (siehe Gl. (2.36)).

$$\frac{\partial E}{\partial w_{ij}} = \frac{\partial E}{\partial p_j} \cdot \frac{\partial p_j}{\partial w_{ij}} \quad bzw. \quad \frac{\partial E}{\partial w_{jm}} = \frac{\partial E}{\partial p_m} \cdot \frac{\partial p_m}{\partial w_{jm}} \tag{2.36}$$

Gemäß Gl. (2.31) bzw. Gl. (2.33) ergibt sich für den zweiten Faktor von Gl. (2.36) folgender Zusammenhang:

$$\frac{\partial p_j}{\partial w_{ij}} = o_i \quad bzw. \quad \frac{\partial p_m}{\partial w_{jm}} = o_j \tag{2.37}$$

Hinsichtlich des ersten Faktors von Gl. (2.36) wird das Differential $\frac{\partial E}{\partial p}$ aus didaktischen Gründen zunächst mit $-\delta$ definiert (siehe Gl. (2.38)). Folglich kann Gl. (2.36) unter Verwendung von Gl. (2.37) zu Gl. (2.39) vereinfacht werden.

$$\frac{\partial E}{\partial p_j} := -\delta_j \quad bzw. \quad \frac{\partial E}{\partial p_m} := -\delta_m \tag{2.38}$$

$$\frac{\partial E}{\partial w_{ij}} = -\delta_j \cdot o_i \quad bzw. \quad \frac{\partial E}{\partial w_{jm}} = -\delta_m \cdot o_j \tag{2.39}$$

Wird Gl. (2.39) in Gl. (2.30) eingesetzt, kann festgehalten werden, dass zur Umsetzung des Gradientenabstiegs auf der Fehlerfunktion E die Anpassung des Gewichts w_{ij} nach Gl. (2.40) bzw. von w_{jm} nach Gl. (2.41) erfolgen muss.

$$\Delta w_{ij} := \eta \cdot \delta_j \cdot o_i \tag{2.40}$$

$$\Delta w_{jm} := \eta \cdot \delta_m \cdot o_j \tag{2.41}$$

Abschließend bleibt zu klären, welchen Wert δ_j bzw. δ_m annimmt bzw. wie dieser zu berechnen ist. Wird die Kettenregel auf Gl. (2.38) angewendet, ergibt sich Gl. (2.42). In Gl. (2.42) beschreibt der erste Faktor die Änderung der Fehlerfunktion in Abhängigkeit der Veränderung des Ausgabesignals, wohingegen der zweite Faktor die Veränderung des Ausgabesignals in Abhängigkeit der Veränderung des Eingabesignals aufzeigt.

$$\delta_j = -\frac{\partial E}{\partial p_j} = -\frac{\partial E}{\partial o_j} \cdot \frac{\partial o_j}{\partial p_j} \quad bzw. \quad \delta_m = -\frac{\partial E}{\partial p_m} = -\frac{\partial E}{\partial o_m} \cdot \frac{\partial o_m}{\partial p_m} \tag{2.42}$$

Der zweite Faktor entspricht der Ableitung der Aktivierungsfunktion nach dem Eingabesignal (siehe Gl. (2.43)). Bis zu dieser Stelle ist die Herleitung sowohl für die Neuronen der Ausgabeschicht als auch für die Neuronen der versteckten Schicht identisch.

$$\frac{\partial o_j}{\partial p_j} = \varphi_j'(p_j) \quad bzw. \quad \frac{\partial o_m}{\partial p_m} = \varphi_m'(p_m) \tag{2.43}$$

In Bezug auf den ersten Faktor von Gl. (2.42) ist jedoch eine Differenzierung zwischen den Ausgabeneuronen (Index m) und den Neuronen der versteckten Schicht (Index j) erforderlich. Für die Ausgabeneuronen kann die Fehlerfunktion E (siehe Gl. (2.35)) direkt nach o_m abgeleitet werden, so dass sich Gl. (2.44) ergibt.

$$\frac{\partial E}{\partial o_m} = -(d_m - o_m) \tag{2.44}$$

Folglich ergibt sich für δ_m Gl. (2.45).[13]

$$\delta_m := (d_m - o_m) \cdot \varphi_m'(p_m) \tag{2.45}$$

Für die Neuronen der versteckten Schicht kann für die Änderung der Fehlerfunktion E in Abhängigkeit der Veränderung des Ausgabesignals o_j hingegen erneut die Kettenregel verwendet werden (siehe Gl. (2.46)).

[13] An dieser Stelle ist anzumerken, dass das Ergebnis von Gl. (2.44) bzw. von Gl. (2.45) von der Form der gewählten Kostenfunktion abhängig ist und im Falle einer anderen Kostenfunktion entsprechend anzupassen ist.

$$\frac{\partial E}{\partial o_j} = \sum_m \frac{\partial E}{\partial p_m} \cdot \frac{\partial p_m}{\partial o_j} \tag{2.46}$$

Die Ableitung von p_m (siehe Gl. (2.33)) nach o_j ergibt w_{jm} (siehe Gl. (2.47)). Das Differential $\frac{\partial E}{\partial p_m}$ ist laut Gl. (2.38) mit $-\delta_m$ definiert. Folglich lässt sich Gl. (2.46) zu Gl. (2.48) vereinfachen.

$$\frac{\partial p_m}{\partial o_j} = w_{jm} \tag{2.47}$$

$$\frac{\partial E}{\partial o_j} = -\sum_m w_{jm} \cdot \delta_m \tag{2.48}$$

Wird Gl. (2.43) und Gl. (2.48) in Gl. (2.42) eingesetzt, ergibt sich für δ_j Gl. (2.49).

$$\delta_j := \varphi_j'(p_j) \cdot \sum_m w_{jm} \cdot \delta_m \tag{2.49}$$

An dieser Stelle kann festgehalten werden, dass mit Hilfe von Gl. (2.45) und Gl. (2.49) eine rekursive Berechnung der δ für alle Neuronen eines Feedforward-Netzes, ausgehend von den Ausgabeneuronen zurück zu den Eingabeneuronen, möglich ist.

Wie eingangs beschrieben, stellt der Backpropagation Algorithmus ein überwachtes Lernverfahren dar. Zum Trainieren werden Trainingsdaten benötigt, die für jeden Eingabevektor die gewünschte Ausgabe enthalten. Eine einzelne Dateninstanz der Trainingsdatensammlung wird im Folgenden mit dem Index μ beschrieben.

Hinsichtlich der Anpassung der Gewichtungen kann zwischen einem Online-Training und einem Offline- bzw. Batch-Trainingsverfahren unterschieden werden. Bei einem *Offline-* bzw. *Batch*-Verfahren erfolgt die Anpassung der Kantengewichte erst, nachdem alle Trainingsdaten dem Netz zugeführt wurden (Stapelverarbeitung). Dies kann in Gl. (2.50) nachvollzogen werden.

$$\Delta w_{ij} := \eta \cdot \sum_\mu \Delta_\mu w_{ij} = \eta \cdot \sum_\mu \delta_{j\mu} \cdot o_{i\mu} \quad bzw. \quad \Delta w_{jm} := \eta \cdot \sum_\mu \Delta_\mu w_{jm} = \eta \cdot \sum_\mu \delta_{m\mu} \cdot o_{j\mu} \tag{2.50}$$

Problematisch an diesem Verfahren ist, dass die Änderungen $\Delta_\mu w_{ij}$ bzw. $\Delta_\mu w_{jm}$ für jedes Gewicht berechnet und zwischengespeichert werden müssen, was mit einem hohen Rechenaufwand einhergeht. Darüber hinaus können neue Dateninstanzen nur im Rahmen eines erneuten Durchlaufs aller Trainingsdaten berücksichtigt werden (vgl. Zell, 1994, S. 107).

Beim *Online*-Lernverfahren wird hingegen nach jeder einzelnen Dateninstanz μ (siehe Gl. (2.51)) oder nach einer sehr kleinen Teilmenge (engl. *minibatch*) die

Anpassung der Gewichte durchgeführt. Online-Verfahren unter Verwendung des Gradientenabstiegs werden in der Literatur auch als *stochastische Gradientenverfahren* (engl. *stochastic gradient descent*) bezeichnet (vgl. Goodfellow et al., 2016, S. 151 f.).

$$\Delta_{\mu} w_{ij} := \eta \cdot \delta_{j\mu} \cdot o_{i\mu} \quad bzw. \quad \Delta_{\mu} w_{jm} := \eta \cdot \delta_{m\mu} \cdot o_{j\mu} \tag{2.51}$$

Der Ablauf des Backpropagation Algorithmus kann im Falle des Online-Lernverfahrens wie folgt beschrieben werden (vgl. Jain et al., 1996, S. 37):

1. Initialisierung der Kantengewichte.
2. Zufällige Auswahl einer Traininingsinstanz μ.
3. Ermittlung der Netzausgabe (Vorwärtspropagation).
4. Berechnung von δ_m für alle Ausgabeneuronen gemäß Gl. (2.45).
5. Berechnung von δ_j für alle Neuronen der versteckten Schichten gemäß Gl. (2.49).
6. Aktualisierung der Gewichte gemäß Gl. (2.51).
7. Gehe zurück zu Schritt zwei und fahre mit der nächsten Dateninstanz μ in der Trainingsdatensammlung fort.

Zur Initialisierung der Kantengewichte werden in der Regel Werte zwischen -1 und $+1$ zufällig gewählt (vgl. Zell, 1994, S. 111). Die Bias sollten auf den Wert 0 oder auf einen sehr kleinen positiven Wert gesetzt werden (vgl. Goodfellow et al., 2016, S. 177). In der Literatur existieren jedoch auch einige Ansätze, die sich mit der richtigen Wahl der Startgewichte beschäftigen, mit dem Ziel, den Lernprozess zu beschleunigen (siehe LeCun et al., 1998; Glorot und Bengio, 2010).

LeCun et al. (1998) schlagen bspw. vor, dass Neuronen mit vielen eingehenden Verbindungen im Gegensatz zu Neuronen mit wenigen eingehenden Verbindungen kleinere Startgewichte aufweisen sollen. Die Initialisierung der Gewichte erfolgt daher mit $1/\sqrt{n}$, wobei n die Anzahl an eingehenden Verbindungen des betrachteten Neurons beschreibt.

Eine *Epoche* entspricht einem Durchlauf durch alle Trainingsinstanzen. Das Verfahren bricht typischerweise ab, wenn bspw. eine vorgegebene maximale Anzahl von Epochen erreicht wird, der Wert der Kostenfunktion eine bestimmte Schwelle unterschreitet oder die absolute Änderungsrate der Kostenfunktion zwischen zwei Epochen hinreichend klein ist (vgl. Kramer und Sangiovanni-Vincentelli, 1988, S. 42; Haykin, 2009, S. 139).

Gemäß Zell (1994, S. 110 ff.) können beim Backpropagation Algorithmus aufgrund des Gradientenabstiegsverfahren verschiedene Probleme auftreten. Wie aus

Gl. (2.30) ersichtlich, hängt die Höhe der Gewichtsänderung neben der Lernrate η vom Betrag des Gradienten ab. Im Falle von sehr steilen Tälern im Fehlergebirge kann es daher passieren, dass die Gewichtsänderung zu groß gewählt und ein Sprung auf die andere Seite des Tales erfolgt. Eine erneute Anpassung der Gewichte führt wiederum zu einem Sprung zurück auf die ursprüngliche Seite. Aufgrund dieser Oszillation ist das Verfahren in diesem Fall nicht in der Lage zu konvergieren (siehe Abb. 2.15 a)).

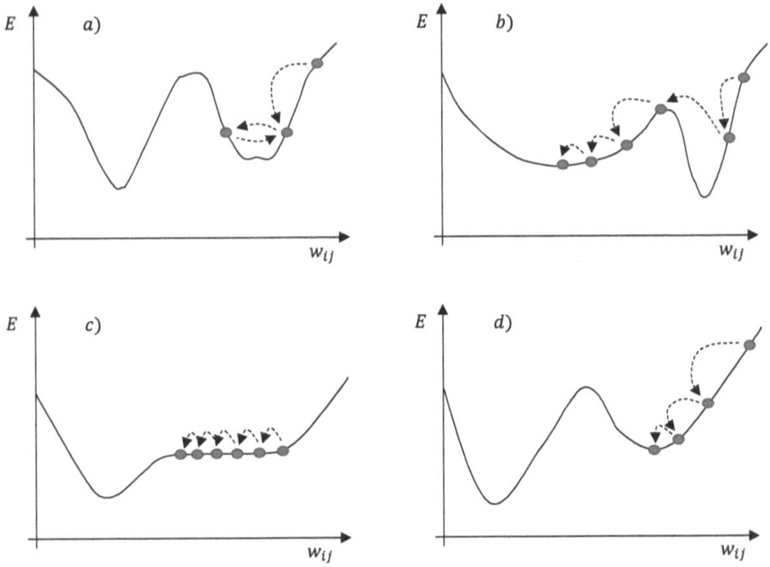

Abbildung 2.15 Probleme beim Gradientenverfahren: a) Oszillationen in steilen Tälern, b) Verlassen guter Minima, c) Hohe Anzahl an Iterationsschritten aufgrund eines flachen Plateaus, d) Abbruch des Algorithmus in einem lokalen Minimum (in Anlehnung an Zell, 1994, S. 113).

Des Weiteren besteht in sehr engen Tälern die Gefahr, dass aufgrund des hohen Betrag des Gradienten und der damit verbundenen großen Änderung der Gewichte ein Tal mit einem potenziellen globalen Minimum wieder verlassen wird und der Gradientenabstieg im benachbarten Tal fortgesetzt wird (siehe Abb. 2.15 b)).

Im Falle von flachen Plateaus im Fehlergebirge ist der Betrag des Gradienten wiederum sehr gering oder sogar gleich 0. Dies führt hingegen dazu, dass das Verfahren nur sehr langsam voranschreitet und viele Iterationsschritte erforderlich sind.

Ist der Betrag des Gradienten gleich 0, werden gar keine Änderungen an den Gewichten durchgeführt, obwohl möglicherweise gar kein Minimum erreicht wurde (siehe Abb. 2.15 c)). Ein weiteres Problem am Gradientenabstiegsverfahren ist, dass bei der Bestimmung der Abstiegsrichtung lediglich die direkte Umgebung des Fehlergebirges berücksichtigt wird. Aus diesem Grund ist es, möglich, dass das Verfahren ein lokales Minimum findet, welches aber nicht dem globalen Minimum entspricht. Da jedoch an dieser Stelle der Betrag des Gradienten ebenfalls 0 ist, bleibt das Verfahren in diesem lokalen Minimum stecken (siehe Abb. 2.15 d)).

Wie bereits angesprochen, ist die Größe der Gewichtsanpassung ebenfalls von der *Lernrate* η abhängig. Da diese frei wählbar ist, kann über die Lernrate das Verhalten des Backpropagation Algorithmus gesteuert werden. Eine zu große Lernrate kann dazu führen, dass das Lernverfahren über das globale Minimum hinausspringt und möglicherweise die Konvergenz verfehlt oder oszilliert. Andererseits kann eine zu kleine Lernrate dazu führen, dass das Training sehr langsam ist oder sogar in einem lokalen Minimum endet (vgl. Zell, 1994, S. 113). Oftmals wird die Lernrate während des Trainings angepasst, entweder manuell oder durch adaptive Techniken wie bspw. AdaGrad, RMSProp oder Adam (vgl. Bengio, 2012). Diese und andere Erweiterungen werden im nachfolgenden Kapitel näher betrachtet.

2.7.3 Erweiterungen

Im Laufe der Jahre wurden zahlreiche Erweiterungen zum Backpropagation Algorithmus vorgestellt, mit dem Ziel die in Verbindung mit dem Gradientenabstieg auftretenden Probleme zu reduzieren bzw. zu beseitigen. Nachfolgend werden ausgewählte Erweiterungen kurz vorgestellt. Für eine tiefergehende Erläuterung wird auf die jeweilige Publikation verwiesen.

Momentum-Term

Ein Problem des Gradientenabstiegsverfahrens ist, dass es in lokalen Minima stecken bleiben kann oder im Falle einer sehr flachen Fehlerlandschaft nur sehr langsam konvergiert. Um diese Limitationen zu überwinden, schlagen Rummelhart et al. (1986, S. 329 f.) die Verwendung eines *Momentum-Terms* vor.[14] Die Idee ist, nicht nur den aktuellen Gradienten (d. h. die aktuelle Steigung der Fehlerfunktion bezüglich der Gewichtungen) bei der Aktualisierung der Gewichtungen zu

[14] Die ursprüngliche Idee des Momentum-Terms stammt aus einer Forschungsarbeit von Polyak (1964), in welcher der Momentum-Term eingesetzt wird, um die Effizienz und Konvergenzgeschwindigkeit iterativer Optimierungsansätze zu verbessern.

berücksichtigen, sondern auch, in welche Richtung und wie stark die Gewichtungen im vorherigen Iterationsschritt $t-1$ angepasst wurden. Hierbei ist zu beachten, dass nur ein Anteil α der vorherigen Gewichtsaktualisierung zum aktuellen Update hinzugefügt wird. Die Formel für die Gewichtsaktualisierung mit dem Momentum-Term nach Rummelhart et al. (1986) kann Gl. (2.52) entnommen werden.

$$\Delta w_{ij}(t) := \eta \cdot \delta_{j\mu} \cdot o_{i\mu} + \alpha \cdot \Delta w_{ij}(t-1) \tag{2.52}$$

Wenn die Richtungen des aktuellen Gradienten und des Gradienten in Iterationsschritt $t-1$ übereinstimmen, führt dies zu einer Verstärkung der Gewichtsanpassung. Diese Verstärkung ähnelt der Wirkung einer erhöhten Lernrate und geht daher mit einer Beschleunigung des Lernprozesses einher. Diese Dynamik begünstigt eine schnellere Überwindung von flachen Plateaus in der Fehlerlandschaft und ein effizienteres Verlassen von lokalen Minima (vgl. Sutskever et al., 2013). Eine direkte Erhöhung der Lernrate η kann zwar ähnliche Effekte erzielen, birgt jedoch ein erhöhtes Risiko für das Auftreten von Oszillationen während des Trainingsprozesses. Im Gegensatz dazu bewirkt der Momentum-Term bei divergierenden Richtungen der Gradienten eine Dämpfung der Gewichtsanpassung, was das Risiko unerwünschter Oszillationen mindert. Rummelhart et al. (1986) empfehlen für α einen Wert von 0,9.

QuickProp

Der *QuickProp* Algorithmus wurde von Fahlman (1988) vorgeschlagen und verfolgt das Ziel, die Konvergenzgeschwindigkeit des Lernprozesses zu erhöhen. Der Backpropagation Algorithmus passt Gewichte auf Basis des Gradienten der Fehlerfunktion an, was insbesondere bei tiefen neuronalen Netzen oder komplexen Fehlerlandschaften zu einer langsamen Konvergenzgeschwindigkeit führen kann (vgl. Rummelhart et al., 1986).

Der QuickProp Algorithmus unterscheidet sich vom Backpropagation Algorithmus durch die Art und Weise, wie die Höhe der Gewichtsaktualisierungen berechnet wird. Die zugrunde liegende Idee ist, dass über Ableitungen höherer Ordnung der Fehlerfunktion Kenntnisse über die Form des Fehlergebirges erlangt werden können. Auf Basis dieser Informationen wäre es theoretisch möglich, die Größe der Gewichtsanpassungen in Abstiegsrichtung zu optimieren, um auf diese Weise die Konvergenzgeschwindigkeit zu erhöhen. Da allerdings die Berechnungen der Ableitungen höherer Ordnung sehr zeitaufwendig sind, versucht QuickProp eine Annäherung an das zweite Differential der Fehlerfunktion zu erreichen, indem es die Änderungen der Fehlergradienten zwischen zwei Iterationen betrachtet. Hierbei wird vereinfachend angenommen, dass die Fehlerfunktion hinsichtlich eines spezifischen Gewichts w_{ij} durch eine nach oben geöffnete Parabel beschrieben werden kann. Des Weiteren wird unterstellt, dass eine Änderung anderer Gewichte ($\neq w_{ij}$) keinen Einfluss auf die Fehlerfunktion von Gewicht w_{ij} hat (vgl. Fahlman, 1988, S. 10). Die Formel zur Gewichtsaktualisierung nach Fahlman (1988) ist in Gl. (2.53) dargestellt.

$$\Delta w_{ij}(t) := \frac{S(t)}{S(t-1) - S(t)} \cdot \Delta w_{ij}(t-1) \qquad (2.53)$$

Demnach ergibt sich die Gewichtsänderung von Gewicht w_{ij} in Iterationsschritt t, indem die Steigung der Fehlerfunktion der aktuellen Iteration ($S(t)$) durch die Differenz aus der Steigung der Fehlerfunktion in $t-1$ und der Steigung der Fehlerfunktion in t geteilt und mit der Gewichtsänderung aus der vorherigen Iteration ($\Delta w_{ij}(t-1)$) multipliziert wird. Die Steigung der Fehlerfunktion wird mittels partieller Ableitung ($\frac{\partial E}{\partial w_{ij}}$) ermittelt. Folglich schätzt QuickProp das Minimum der parabolischen Annäherung und passt die Gewichte entsprechend an, um innerhalb eines Iterationsschritts dorthin zu springen. Da der Verlauf der tatsächlichen Fehlerfunktion in der Regel nicht mit dem Verlauf einer Parabel übereinstimmt, weicht das geschätzte Minimum vom tatsächlichen Minimum ab. Diese Abweichung wird dann aufgrund des iterativen Verfahrens schrittweise verkleinert.

Obwohl QuickProp sich in bestimmten Konfigurationen als effektiv erwiesen hat, die Konvergenzzeit gegenüber dem Backpropagation Algorithmus zu reduzieren, ist zu beachten, dass die Methode unter bestimmten Bedingungen zu Instabilitäten und Problemen führen kann, wie z. B. Oszillationen oder dem Abbruch des Verfahrens in einem lokalen Minimum (vgl. Zell, 1994, S. 124).

Resilient Propagation

Die Größe des Gradienten kann für verschiedene Gewichte sehr unterschiedlich sein und ändert sich zudem während des Lernprozesses. Dies macht es schwierig, einmalig eine einzige Lernrate für alle Gewichte zu wählen.

Der von Riedmiller und Braun (1993) entwickelte *Resilient Propagation* (RProp) Algorithmus unterscheidet sich vom Backpropagation Algorithmus in der Hinsicht, dass er die Größe der Gewichtsänderung von der Größe des Gradienten entkoppelt. Stattdessen berücksichtigt RProp ausschließlich die Richtungsänderung des Gradienten. Darüber hinaus wird für jedes Gewicht unabhängig voneinander eine Lernrate ermittelt, welche in Abhängigkeit einer Richtungsänderung des Gradienten seit der letzten Aktualisierung angepasst wird. Die Autoren unterscheiden hierbei in jedem Iterationsschritt t für jedes Gewicht w_{ij} zwischen dem Betrag der Gewichtsänderung $\Delta_{ij}(t)$ und der tatsächlichen Anpassung des Gewichts $\Delta w_{ij}(t)$.

Der Betrag der Gewichtsänderung Δ_{ij} in Iterationsschritt t wird anhand von Gl. (2.54) ermittelt, wobei zu Beginn des Verfahrens alle Δ_{ij} mit einem festzulegenden Wert ($\Delta_{ij} \neq 0$) initialisiert werden.

$$\Delta_{ij}(t) := \begin{cases} \Delta_{ij}(t-1) \cdot \eta^{+} & wenn \quad S(t) \cdot S(t-1) > 0, \\ \Delta_{ij}(t-1) \cdot \eta^{-} & wenn \quad S(t) \cdot S(t-1) < 0, \quad mit \quad 0 < \eta^{-} < 1 < \eta^{+} \\ \Delta_{ij}(t-1) & sonst. \end{cases} \tag{2.54}$$

In Gl. (2.54) stellt $S(t)$ analog zu QuickProp die Steigung der Fehlerfunktion E in Richtung des Gewichts w_{ij} dar, welche mittels der partiellen Ableitung ($\frac{\partial E}{\partial w_{ij}}$) berechnet wird. Hat sich die Richtung geändert ($S(t) \cdot S(t-1) < 0$), was auf eine Überquerung eines Minimums hindeuten könnte, wird der Betrag der Gewichtsanpassung aus $t-1$ um den Faktor η^{-} verringert. Bleibt die Richtung gleich ($S(t) \cdot S(t-1) > 0$), kann der Betrag der Gewichtsanpassung aus $t-1$ um den Faktor η^{+} erhöht werden, um schneller in Richtung des Minimums zu konvergieren.

Nachdem der Betrag der Gewichtsanpassung ermittelt wurde, erfolgt anschließend anhand von Gl. (2.55) die tatsächliche Anpassung des Gewichts w_{ij}. Hierbei sind verschiedene Fälle zu unterscheiden.

$$\Delta w_{ij}(t) := \begin{cases} -\Delta_{ij}(t) & wenn \quad S(t-1) \cdot S(t) > 0 \wedge S(t) > 0, \\ +\Delta_{ij}(t) & wenn \quad S(t-1) \cdot S(t) > 0 \wedge S(t) < 0, \\ -\Delta_{ij}(t-1) & wenn \quad S(t-1) \cdot S(t) < 0, \\ -sgn(S(t)) \cdot \Delta_{ij}(t) & sonst. \end{cases} \tag{2.55}$$

In den ersten beiden Fällen haben sich die Vorzeichen der Steigungen zwischen zwei Iterationen nicht verändert. Ist zudem die Steigung der Fehlerfunktion in der aktuellen Iteration t größer 0, wird das Gewicht w_{ij} um den nach Gl. (2.54) ermittelten Betrag $\Delta_{ij}(t)$ verringert (1. Fall). Weist die Steigung der Fehlerfunktion in t hingegen einen Wert kleiner 0 auf, wird das Gewicht w_{ij} um den Betrag $\Delta_{ij}(t)$ erhöht (2. Fall). Sollte sich das Vorzeichen der Steigungen zwischen zwei Iterationen ändern (3. Fall), war der Betrag der vorherigen Gewichtsänderung zu groß. In diesem Fall wird die letzte Gewichtsänderung rückgängig gemacht und die aktuelle Steigung gleich 0 gesetzt ($S(t) := 0$). Damit ergibt sich für die nächste Iteration $(t+1)$ in Gl. (2.54) der dritte Fall, wodurch eine doppelte Reduzierung des Betrags der Gewichtsanpassung vermieden wird. Gleichzeitig tritt in der Iteration $(t+1)$ für die tatsächliche Gewichtsanpassung in Gl. (2.55) der vierte Fall ein, wonach in

Abhängigkeit des Vorzeichens (sgn)[15] der aktuellen Steigung das Gewicht w_{ij} um den zuvor ermittelten Betrag erhöht oder reduziert wird.

Darüber hinaus definieren Riedmiller und Braun (1993) bestimmte Grenzwerte für die Gewichtsanpassungen, um einerseits ein zu starkes Abflachen und andererseits eine zu aggressive Annäherung an das Minimum zu vermeiden. Auf diese Weise ist der Algorithmus in der Lage, effizient und konsequent gegen das globale Minimum (oder ein sehr gutes lokales Minimum) zu konvergieren (vgl. Zell, 1994, S. 126).

Adaptive Gradient

Der *Adaptive Gradient* (AdaGrad) Algorithmus von Duchi et al. (2011) passt ebenso wie RProp die Lernraten aller Gewichte individuell an. Allerdings erfolgt im Gegensatz zu RProp die Anpassung der Gewichte in Abhängigkeit der Höhe des Gradienten. Hierbei wird die Lernrate durch die Quadratwurzel der Summe aller quadrierten Gradienten der bisherigen Iterationsschritte geteilt. Dies führt dazu, dass Gewichte mit sehr großen partiellen Ableitungen der Fehlerfunktion eine schnelle Abnahme ihrer Lernrate erfahren. Im Gegensatz dazu wird die Lernrate von Gewichten mit kleinen partiellen Ableitungen nur geringfügig reduziert.

In Summe ergibt sich ein schnelles Fortschreiten innerhalb der flacheren Bereiche der Fehlerfunktion. Jedoch hat AdaGrad auch Nachteile. Ein signifikanter Kritikpunkt ist, dass die kumulierten quadrierten Gradienten kontinuierlich wachsen, was dazu führt, dass die Lernrate über die Zeit monoton abnimmt und für sehr lange Trainingsläufe zu klein bzw. nahezu 0 werden kann (vgl. Goodfellow et al., 2016, S. 307).

Root Mean Square Propagation

Der *Root Mean Square Propagation* (RMSProp) Algorithmus wurde ursprünglich von Hinton (2012) in einem nicht formal publizierten Kurs »Neural Networks for Machine Learning« vorgestellt. Laut Hinton (2012) kann bei RProp in Kombination mit Mini-Batches das Problem auftreten, dass die Gewichte eines Netzes sehr groß werden. Der Grund hierfür ist, dass bei der Ermittlung der Gewichtsanpassung lediglich das Vorzeichen und nicht die Höhe des Gradienten berücksichtigt wird.

Analog zu AdaGrad basiert RMSProp daher auf der Idee, die Lernrate für jedes einzelne Gewicht dynamisch anzupassen, indem die Lernrate η durch einen vom Gradienten abhängigen Korrekturterm dividiert wird. Im Gegensatz zu AdaGrad verwendet Hinton (2012) hierzu die Wurzel des exponentiellen gleitenden Durch-

[15] Die Signum-Funktion gibt für Werte > 0 den Wert $+1$, für Werte < 0 den Wert -1 und für Werte $= 0$ den Wert 0 aus.

schnitts des Quadrates der Gradienten. Auf diese Weise wird verhindert, dass die Lernraten zu schnell absinken. Formal wird RMSProp durch die Gleichungen (2.56) und (2.57) beschrieben:

$$\Delta w_{ij}(t) := -\frac{\eta}{\sqrt{MS(t)}} \cdot S(t) \tag{2.56}$$

$$MS(t) := \beta \cdot MS(t-1) + (1-\beta) \cdot (S(t))^2 \tag{2.57}$$

Hierbei stellt $S(t)$ erneut die Steigung der Fehlerfunktion E in Richtung des Gewichts w_{ij} (Gradient) dar. $MS(t)$ repräsentiert den exponentiellen gleitenden Durchschnitt des Quadrats der Gradienten von Gewicht w_{ij} bis Iterationsschritt t. Der Glättungsfaktor β bestimmt das Ausmaß, in dem ältere Gradienten, die in den vorherigen Schritten berechnet wurden ($MS(t-1)$), bei der Aktualisierung des gleitenden Durchschnitts der Gradientenquadrate berücksichtigt werden. Hinton (2012) schlagen für β einen Wert von 0,9 vor.

RMSProp zeichnet sich durch seine Fähigkeit aus, die Lernrate effektiv anzupassen und somit eine schnellere Konvergenz bei komplexen Modellen, wie tiefen neuronalen Netzen, zu ermöglichen. Der Algorithmus zählt daher zu den bevorzugten Optimierungsmethoden im Bereich des Deep Learnings (vgl. Goodfellow et al., 2016, S. 308).

Adaptive Moment Estimation

Der *Adaptive Moment Estimation* (Adam) Algorithmus stellt eine Erweiterung von RMSProp dar. Das von Kingma und Ba (2015) vorgestellte Lernverfahren kombiniert die Ansätze von RMSProp mit dem Konzept des Momentum. Das heißt, neben der Skalierung der Lernraten auf Basis der vergangenen Gradientenquadrate berücksichtigt es auch die Richtung der vorherigen Gradienten, um die Konvergenzgeschwindigkeit zu verbessern. Adam passt die Lernrate jedes Gewichts auf Basis des ersten und zweiten Moments[16] der Gradienten individuell an. Die grundlegende Formel des Adam-Algorithmus lässt sich in mehrere Teilschritte unterteilen.

Als Schätzer für das erste Moment $m(t)$ wird beim Adam Algorithmus der exponentielle gleitende Durchschnitt der Gradienten verwendet. Hierdurch ist es möglich, das Rauschen in den Gradienten zu reduzieren, um auf diese Weise die Richtung der effektivsten Parameteranpassung schneller zu identifizieren. Das zweite

[16] In der Statistik und der stochastischen Optimierung bezieht sich der Begriff »Momente« auf quantifizierte Eigenschaften von Verteilungen. Die Momente einer Verteilung können Informationen über ihre Form, wie Schiefe oder Wölbung, oder einfachere Charakteristiken wie den Mittelwert (erstes Moment) oder die Varianz (zweites Moment) liefern (vgl. Bonamente, 2017, S. 20–23).

Moment $v(t)$ ist ein Maß für die Varianz bzw. die Streuung der Gradienten und wird beim Adam Algorithmus mittels des exponentiellen gleitenden Durchschnitt der quadrierten Gradienten geschätzt. Durch die Berücksichtigung der Streuung der Gradienten ist Adam in der Lage, die Schrittweiten individuell anzupassen.

Die Berechnung des ersten bzw. zweiten Moments von Gewicht w_{ij} in Iterationsschritt t kann in Gl. (2.58) bzw. Gl. (2.59) nachvollzogen werden. Hierbei steht $S(t)$ für die Steigung der Fehlerfunktion in Richtung des Gewichts w_{ij} (Gradient) zum Zeitpunkt t. β_1 und β_2 stellen analog zu RMSProp Glättungsparameter dar. Kingma und Ba (2015) schlagen für β_1 einen Wert von 0,9 und für β_2 einen Wert von 0,999 vor.

$$m(t) := \beta_1 \cdot m(t-1) + (1-\beta_1) \cdot S(t) \tag{2.58}$$

$$v(t) := \beta_2 \cdot v(t-1) + (1-\beta_2) \cdot S(t)^2 \tag{2.59}$$

Da sowohl $m(t)$ als auch $v(t)$ zu Beginn des Verfahrens mit dem Wert 0 initialisiert werden, wird im Adam Algorithmus eine Bias-Korrektur der Momente durchgeführt (siehe Gl. (2.60) und (2.61)). Die Bias-Korrektur ermöglicht es dem Algorithmus innerhalb des Trainingsprozesses eine genauere Schätzung der wahren ersten und zweiten Momente des Gradienten zu einem früheren Zeitpunkt zu erhalten, wodurch die Effizienz und Effektivität des Lernprozesses verbessert wird.

$$\hat{m}(t) := \frac{m(t)}{1-\beta_1^t} \tag{2.60}$$

$$\hat{v}(t) := \frac{v(t)}{1-\beta_2^t} \tag{2.61}$$

Die Änderung des Gewichts w_{ij} basiert auf den bias-korrigierten ersten und zweiten Momenten und wird anhand von Gl. (2.62) ermittelt. Hierbei bezeichnet η die Lernrate, während ϵ ($= 10^{-8}$) einen Stabilisierungsterm darstellt, um die Division durch 0 zu vermeiden.

$$\Delta w_{ij}(t) := -\frac{\eta}{\sqrt{\hat{v}(t)+\epsilon}} \cdot \hat{m}(t) \tag{2.62}$$

Im Vergleich zu AdaGrad und RMSProp, die ebenfalls eine adaptive Lernrate verwenden, jedoch nur auf der Grundlage des zweiten Moments (der Varianz der Gradienten), zeichnet sich Adam durch die Einbeziehung von Informationen aus dem ersten Moment (dem Mittelwert der Gradienten) aus. Auf diese Weise lässt sich die

Richtung der Parameteraktualisierungen effizienter bestimmen (vgl. Kingma und Ba, 2015). Allerdings zeigen Wilson et al. (2017), dass Adam in einigen Fällen zu einem frühen Stopp oder zu einer schlechteren Generalisierung führen kann.

Zu guter Letzt kann festgehalten werden, dass kein Lernverfahren universell überlegen ist und die Wahl des Algorithmus vom spezifischen Problemkontext und den Eigenschaften des Datensatzes abhängt (vgl. Schaul et al., 2014).

2.8 Entwicklung und Implementierung

Nachdem die einzelnen Elemente eines KNN sowie geeignete Lernverfahren ausführlich dargestellt und erläutert wurden, befasst sich das folgende Kapitel mit der konkreten Entwicklung und Implementierung eines KNN. Hierzu wird in Abschnitt 2.8.1 zunächst der allgemeine Entwicklungsprozess ausführlich dargestellt. Darauffolgend widmet sich Abschnitt 2.8.2 dem Problem der Über- und Unteranpassung, welches während der Trainingsphase eines KNN auftreten kann. In Abschnitt 2.8.3 werden verschiedene Validierungsmethoden vorgestellt, anhand derer eine Überanpassung erkannt und die Modellleistung unverzerrt beurteilt werden kann. Abschließend behandelt Abschnitt 2.8.4 ausgewählte Verfahren zur Reduzierung von Überanpassung.

2.8.1 Allgemeiner Arbeitsablauf zur Erstellung eines KNN

Die Entwicklung eines KNN folgt einem strukturierten Prozess. Dieser kann in verschiedene Phasen eingeteilt werden, wobei je nach Anwendungsfall auch Variationen bzw. Abweichungen möglich sind. Im Allgemeinen lassen sich die folgenden sechs Phasen unterscheiden, welche sich an dem Prozessmodell CRISP-DM[17] von Chapman et al. (2000) orientieren.

[17] CRISP-DM steht für »Cross Industry Standard Process for Data Mining«. Hierbei handelt es sich um ein prozessorientiertes Modell, das eine umfassende Struktur für Projekte im Bereich Data Mining, Data Science und Machine Learning bietet und sowohl von der Branche als auch von der verwendeten Technologie unabhängig ist. Es wurde von einem Konsortium verschiedener Data-Mining-Anwender und -Anbieter (u. a. NCR Systems Engineering Copenhagen, DaimlerChrysler AG, SPSS Inc.) entwickelt und von der Europäischen Kommission im Rahmen des ESPRIT-Programms (Projektnummer 24959) gefördert (vgl. Chapman et al., 2000).

1. **Problemstellung und Zieldefinition:** Zu Beginn ist es essentiell, das zu lösende Problem genau zu definieren und die zu erreichenden Ziele festzulegen. Hierbei muss u. a. geklärt werden, ob es sich bspw. um eine Klassifizierungs-, Regressions- oder Clusteringsaufgabe handelt oder ob eine völlig andere Art von Aufgabe zu lösen ist.
2. **Datensammlung und -aufbereitung:** Ein wesentlicher Schritt ist das Sammeln oder Generieren von Daten, die für das Training des neuronalen Netzes verwendet werden. Zum einen müssen Daten in ausreichender Menge verfügbar sein, zum anderen muss die Beschaffenheit der Daten qualitativen Anforderungen genügen. Beide Aspekte sind entscheidend für das erfolgreiche Trainieren des Modells (vgl. Halevy et al., 2009). Neben der Identifizierung von Qualitätsproblemen können in dieser Phase auch erste Muster in den Daten entdeckt werden, um auf diese Weise die Daten besser zu verstehen.
3. **Datenbereinigung und -vorverarbeitung:** Die gesammelten Daten sind oft unvollständig, ungenau oder inkonsistent. Um die Daten für das Training vorzubereiten, müssen diese bereinigt, normalisiert und gegebenenfalls mit zusätzlichen Informationen angereichert werden. Dieser Prozess spielt eine entscheidende Rolle, denn gemäß dem Prinzip »Garbage in, garbage out« wirkt sich die Qualität der eingespeisten Daten unmittelbar auf die Qualität der Ergebnisse aus, was insbesondere im Bereich des Machine Learnings von großer Bedeutung ist (vgl. García et al., 2015, S. 15, 39 f.). Die Datenvorverarbeitung umfasst grundsätzlich die Transformation von Daten, die explorative Datenanalyse und das Feature Engineering (vgl. Nguyen et al., 2019). Die *explorative Datenanalyse* ermöglicht statistische Zusammenfassungen und visuelle Darstellungen, um Einsichten in die Daten zu gewinnen und Hypothesen für das Modellieren zu generieren (vgl. Tukey, 1977). Das *Feature Engineering* bezieht sich auf die Identifikation, Auswahl und Transformation von Rohdaten in Features mit dem Ziel, die Leistung von Lernalgorithmen zu erhöhen (vgl. Domingos, 2012). Das Feature Engineering umfasst mehrere Schritte.

   Bei der *Feature Selection* werden die für das Modell relevanten Features aus einem bestehenden Datensatz ausgewählt. Ziel ist es, irrelevante oder redundante Daten zu entfernen. Diese Reduktion der Dimensionalität kann die Modellleistung verbessern und die Komplexität verringern, wodurch die Gefahr von Überanpassung (siehe Abschnitt 2.8.2) reduziert und die allgemeine Berechnungseffizienz erhöht wird (vgl. Guyon und Elisseeff, 2003; Russell und Norvig, 2021, S. 689).

   Die *Feature Extraction* dient dazu, aus den vorhandenen Daten neue Features abzuleiten oder zu extrahieren, die nützliche Informationen in einer kompakteren Form darstellen. Hierbei können bspw. bestehende Features kombiniert oder in eine andere Form transformiert werden, die vom Netz effektiver verarbeitet werden kann (vgl. García et al., 2015, S. 188 f.).

Im Rahmen der *Feature Construction* werden neue Features durch die Anwendung mathematischer oder logischer Operationen auf die bestehenden Daten erzeugt. Ziel ist es, komplexere Merkmale zu erstellen, die neue Einblicke oder Zusammenhänge in den Daten offenbaren können (vgl. García et al., 2015, S. 189 f.).

Des Weiteren müssen die Features normalisiert (*Feature Normalization*) und ggf. codiert (*Feature Encoding*) werden, um die Stabilität und Leistung bestimmter Lernverfahren zu verbessern (vgl. García et al., 2015, S. 46 ff.). Eine Normierung wird oftmals dadurch erreicht, dass die ausgewählten Merkmale auf ein Intervall [0, 1] (*Min-Max Normierung*) oder auf eine Standardnormalverteilung (*Z-Wert Normierung*) abgebildet werden (vgl. García et al., 2015, S. 46 ff.). Das Feature Encoding beinhaltet bspw. das Umwandeln kategorischer Daten in numerische Werte, damit sie von maschinellen Lernverfahren effektiv verarbeitet werden können. Außerdem werden die verfügbaren Dateninstanzen in eine Trainings-, Validierungs- und Testmenge unterteilt. Diese werden benötigt, um das Modell zu trainieren, seine Hyperparameter anzupassen (siehe 4. Phase) und schließlich seine Leistung zu bewerten (siehe 5. Phase) (vgl. Russell und Norvig, 2021, S. 684; Goodfellow et al., 2016, S. 121).

4. **Modellierung, Training und Validierung:** Diese Phase befasst sich mit der konkreten Ausarbeitung des KNN. Abhängig von der Aufgabe und den verfügbaren Daten wird ein passender Typ eines neuronalen Netzes ausgewählt (z. B. Feedforward-Netz). Des Weiteren muss festgelegt werden, aus wie vielen versteckten Schichten mit wie vielen Neuronen in der jeweiligen Schicht das KNN aufgebaut sein soll, wie die Verbindungen zwischen den Neuronen gestaltet sind oder welche Aktivierungsfunktion in den einzelnen Schichten verwendet werden soll (vgl. Bishop, 2006, Abschnitt 5.2; Hoptroff, 1993; Schmidhuber, 2015). Durch das Hinzufügen weiterer Schichten oder das Erhöhen der Anzahl der Neuronen pro Schicht in einem neuronalen Netzwerk kann die Fähigkeit des Modells verbessert werden, komplexe Muster zu erkennen. Goodfellow et al. (2016, S. 111 ff.) spricht in diesem Kontext von der Erhöhung der Modellkapazität.

   Hinsichtlich der Modellkapazität kann gem. Goodfellow et al. (2016, S. 113 f.) zwischen der *repräsentativen* und der *effektiven* Kapazität eines Modells unterschieden werden. Erstere bezieht sich auf die theoretische Fähigkeit des Modells, eine breite Vielfalt von Funktionen zu lernen oder zu repräsentieren. Sie ist gebunden an die Architektur des Modells – beispielsweise die Tiefe (Anzahl der Schichten) und die Breite (Anzahl der Neuronen innerhalb einer Schicht) des

Netzes. Je größer die repräsentative Kapazität ist, desto komplexere Muster und Beziehungen kann das ML-Modell theoretisch abbilden. Die effektive Kapazität bezieht sich hingegen auf die praktische Fähigkeit des ML-Modells, spezifische Funktionen aus einem gegebenen Datensatz zu lernen. Diese wird nicht nur durch die theoretische repräsentative Kapazität bestimmt, sondern auch durch Faktoren wie das gewählte Lernverfahren, die Datenqualität und -quantität oder das eingesetzte Regularisierungsverfahren (siehe Abschnitt 2.8.4). Ein Modell mit einer hohen repräsentativen Kapazität kann ineffektiv sein, wenn es nicht gelingt, diese Kapazität in effektives Lernen umzusetzen.

Alle Parameter, die die Struktur des neuronalen Netzes und dessen Lernprozess beeinflussen, werden in der Literatur als *Hyperparameter* bezeichnet. Im Gegensatz zu den Modellparametern (Verbindungsgewichte) werden diese durch den Trainingsprozess nicht angepasst (vgl. Russell und Norvig, 2021, S. 684; Goodfellow et al., 2016, S. 120 f.; Bengio, 2012). Neben den bereits genannten Parametern zählen zu den Hyperparametern auch die Lernrate, die Anzahl der Trainingsepochen, die Batch-Größe oder das verwendete Lernverfahren. Wie in Abschnitt 2.7.3 bereits erwähnt, steuert die Lernrate die Anpassungsgeschwindigkeit der Modellparameter und beeinflusst damit die Konvergenzeigenschaften des Trainingsprozesses (vgl. Bengio, 2012). Die Batch-Größe determiniert die Menge der Dateninstanzen, die für die Aktualisierung der Modellparameter herangezogen werden, und beeinflusst damit sowohl die Konvergenzgeschwindigkeit als auch die Stabilität des Lernvorgangs (vgl. Hinton, 2012; Bengio, 2012).

Im Anschluss an die Modellierung wird das KNN mit einem Teil der Daten (Trainingsmenge) trainiert. In dieser Phase lernt das Netz die Zusammenhänge in den Daten durch die Anpassung der Verbindungsgewichte mittels eines Lernverfahrens; in der Regel durch Backpropagation und eine spezifische Kostenfunktion (siehe Abschnitt 2.7.2 und 2.6).

Während des Trainings wird die Generalisierungsfähigkeit[18] des KNN mit Hilfe der Validierungsmenge überprüft.[19] Hierzu ist es zunächst notwendig ein Bewertungskriterium festzulegen. Im Falle einer Klassifizierungsaufgabe kann die Leistung des Netzes bspw. anhand der Anzahl korrekt klassifizierter Dateninstanzen, im Folgenden als *Korrektklassifizierungsrate* (KKR) bezeichnet, bewertet werden (vgl. García et al., 2015, S. 24 f.). Weitere Bewertungskriterien können bspw. Powers (2011) oder García et al. (2015, Abschnitt 7.2) entnommen werden. Basierend auf den Ergebnissen können Anpassungen an der Architektur

[18] Siehe hierzu auch Abschnitt 2.8.2.

[19] Verschiedene Validierungsmethoden werden in Abschnitt 2.8.3 vorgestellt.

und an den anderen Hyperparametern vorgenommen werden, um die Leistung zu verbessern. Dieser Prozess wird in der Literatur als *Hyperparameter Tuning* bezeichnet (vgl. Bengio, 2012; Russell und Norvig, 2021, S. 689 f.). Darüber hinaus kann eine Neuauswahl von Features oder eine Änderung des Netztyps notwendig sein.

Die Entwicklung von neuronalen Netzen ist folglich ein iterativer Prozess, bei dem durch wiederholte Anpassungen und Verbesserungen in jeder Phase des Prozesses eine stetige Steigerung der Modellleistung angestrebt wird. Die Festlegung der Hyperparameter kann problematisch sein, besonders in komplexen Netzwerkarchitekturen oder spezifischen Anwendungsfällen. Angesichts der enormen kombinatorischen Vielfalt von Dateneingaben, Architekturen, Topologien, Parametereinstellungen, Datenmengenaufteilungen sowie verschiedener Arten und Abfolgen von Lernverfahren, ist es praktisch unmöglich, sämtliche potentiellen Kombinationen zu berücksichtigen und zu evaluieren. Deshalb basiert die Vorgehensweise weitgehend auf experimentellen Methoden, die ein systematisches Ausprobieren und Anpassen (Trial-and-Error) erfordern (vgl. Hush und Horne, 1993, S. 16). Ein Ansatz zur Überwindung dieses Problems ist die Anwendung automatischer Verfahren zur Suche und Optimierung von Hyperparametern (siehe hierzu bspw. das Verfahren von Bergstra und Bengio (2012)).

5. **Bewertung anhand der Testmenge:** Nachdem im Rahmen der Modellierungsphase, Trainingsphase und Validierungsphase das beste Netz identifiziert wurde, wird dieses anhand der Testmenge, welche weder zum Training noch zur Validierung verwendet wurde, bewertet. Dieser Schritt ist notwendig, um eine realistische und unverzerrte Leistungsbeurteilung zu erhalten (vgl. Russell und Norvig, 2021, S. 684).
6. **Implementierung und Monitoring:** Sind die Testergebnisse zufriedenstellend, kann das KNN in die entsprechende Anwendungsumgebung implementiert werden. Hierbei ist es wichtig, dass das Netz regelmäßig überwacht wird und bei Bedarf Anpassungen vorgenommen werden, um seine Effektivität im Laufe der Zeit aufrechtzuerhalten (vgl. Sculley et al., 2015).

2.8.2 Über-und Unteranpassung

Ein wesentliches Ziel bei der Entwicklung eines KNN ist es, dass das KNN nach dem Training eine möglichst gute Generalisierungsfähigkeit aufweist. Dies bedeutet, dass das KNN gute Ergebnisse nicht nur für jene Datenmengen generiert, für welche das Netz explizit trainiert wurde (Trainingsmenge), sondern auch für neuartige, bisher unbekannte Eingaben.

Während des Trainings anhand der Trainingsmenge wird der sogenannte *Trainingsfehler* ermittelt. Ziel ist es, den Trainingsfehler im Zuge des Trainings zu minimieren. Darüber hinaus wird als weiteres Fehlermaß der *Generalisierungsfehler* verwendet, welcher auch als *Testfehler* bezeichnet wird. Der Generalisierungsfehler ist definiert als der durchschnittlich zu erwartende Vorhersagefehler, berechnet über ein breites Spektrum neuer Eingabedaten, die sich aus der gleichen Verteilung wie die ursprünglichen Trainingsdaten ableiten, jedoch dem Modell bisher unbekannt waren. Der Generaliserungsfehler entspricht im besten Fall dem Trainingsfehler, wobei er oftmals deutlich größer als der Trainingsfehler ist. Die Schätzung des Generalisierungsfehlers erfolgt üblicherweise durch die Bewertung der Modellleistung anhand einer separaten Testdatenmenge, um eine unverzerrte Einschätzung sicherzustellen. Ein sehr gut trainiertes KNN zeichnet sich durch einen geringen Trainingsfehler und einer möglichst geringen Differenz zwischen Trainings- und Generalisierungsfehler aus (vgl. Goodfellow et al., 2016, S. 110 f.).

Ein zentrales Problem, welches im Zusammenhang mit dem Trainings- und Generalisierungsfehler auftritt, ist die Über- bzw. Unteranpassung. Eine *Überanpassung* (engl. *Overfitting*) tritt auf, wenn ein ML-Modell derart komplex ist, dass es nicht nur die zugrunde liegenden Muster in den Trainingsdaten lernt, sondern auch das Rauschen oder die irrelevanten Details. Folglich weist das Modell einen sehr geringen Trainingsfehler auf, während die Differenz zwischen Trainingsfehler und Generalisierungsfehler sehr groß ist (vgl. Goodfellow et al., 2016, S. 111). Als Resultat hat das Modell eine hohe Genauigkeit auf den Trainingsdaten, versagt jedoch darin, auf neuen, bisher unbekannten Daten gut zu generalisieren (vgl. Haykin, 2009, S. 164 ff.). Eine Überanpassung ist insbesondere in großen neuronalen Netzen mit vielen Parametern ein verbreitetes Problem, weil diese Netze die Fähigkeit haben, komplexe Zusammenhänge zu modellieren und somit anfälliger für das Erlernen zufälliger Fluktuationen in den Trainingsdaten sind (vgl. Srivastava et al., 2014; Goodfellow et al., 2016, S. 112).

Eine *Unteranpassung* (engl. *Underfitting*) beschreibt das gegenteilige Problem, bei dem das ML-Modell nicht in der Lage ist, die zugrundeliegende Struktur der Daten zu erfassen. Eine Unteranpassung führt dazu, dass das Modell weder auf den Trainingsdaten (großer Trainingsfehler) noch auf neuen Daten gut abschneidet. Ursachen für eine Unteranpassung können eine unzureichende repräsentative Modellkapazität oder eine nicht ausreichende Anzahl von Trainingsdurchläufen sein (vgl. Goodfellow et al., 2016, S. 111 f.).

Während der Modellierungs- und Trainingsphase ist es essentiell, ein Gleichgewicht zwischen Überanpassung und Unteranpassung zu finden, um ein Modell zu entwickeln, das auch für unbekannte Daten gut funktioniert. Die Herausforderung besteht darin, die repräsentative Kapazität des Modells und das Lernverfahren so anzupassen, dass das Modell die zugrunde liegenden Muster in den Daten zwar erfassen kann, aber nicht von zufälligen Details abgelenkt wird.

Wie in Abbildung 2.16 zu erkennen ist, nimmt der Trainingsfehler mit zunehmender Modellkapazität stetig ab. Demgegenüber weist der Generalisierungsfehler in Abhängigkeit der Modellkapazität in der Regel einen U-förmigen Verlauf auf. Im linken Bereich der Grafik ist die Modellkapazität sehr gering, weshalb sowohl der Trainingsfehler als auch der Generalisierungsfehler sehr groß sind und eine Unteranpassung vorliegt. Mit der Steigerung der Modellkapazität beginnt der Trainingsfehler zu sinken, während gleichzeitig die Diskrepanz zwischen dem Trainings- und dem Generalisierungsfehler zunimmt. Die optimale Modellkapazität wird im Minimum der Kurve des Generalisierungsfehlers erreicht. Ab diesem Punkt geht die durch eine weitere Erhöhung der Modellkapazität verbundene Reduzierung des Trainingsfehlers mit einer Erhöhung des Generalisierungsfehlers einher, was wiederum auf eine Überanpassung hindeutet (vgl. Goodfellow et al., 2016, S. 114 f.).

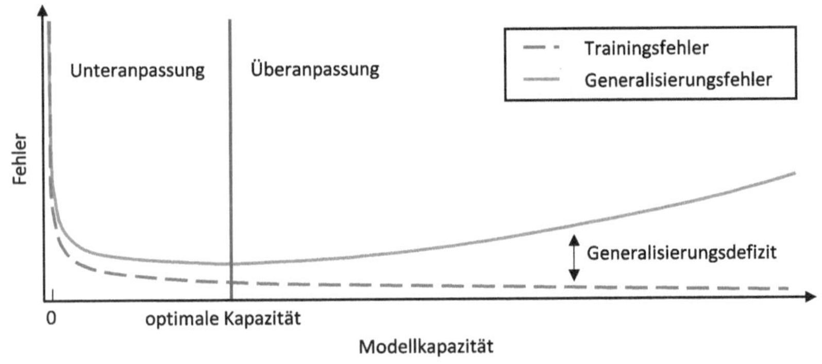

Abbildung 2.16 Über- und Unteranpassung in Abhängigkeit der Modellkapazität (in Anlehnung an Goodfellow et al., 2016, S. 115).

Um die Diskrepanz zwischen Trainings- und Generalisierungsfehler zu überbrücken, sind jedoch weitere Methoden notwendig, die eine effektive Schätzung und Reduzierung des Generalisierungsfehlers ermöglichen. Dazu gehören neben der sorgfältigen Festlegung der Modellkapazität auch eine geeignete Validierungsmethode sowie Regularisierungsverfahren, welche in den folgenden Kapiteln näher betrachtet werden.

2.8.3 Validierungsmethoden

Die Validierung ist bei der Entwicklung eines KNN ein kritischer Schritt, der dazu dient, die Generalisierungsfähigkeit und Robustheit des Modells zu bewerten. Die Validierungsphase ist unerlässlich, um zu verstehen, wie gut ein trainiertes neuronales Netz unbekannte Daten verarbeiten kann. Das übergeordnete Ziel ist es, Überanpassung zu erkennen und zu vermeiden. In diesem Kontext wurden verschiedene Validierungsmethoden entwickelt und angewendet.

Die *Holdout-Methode* ist eine der einfachsten Formen der Validierung. Hierbei wird der verfügbare Datensatz in eine Trainingsmenge und eine Testmenge unterteilt. Nach dem Training des neuronalen Netzes mit dem Trainingsdatensatz wird die Leistung des Modells anhand des Testdatensatzes bewertet (vgl. Kohavi, 1995).

In der Praxis wird oftmals jedoch eine Erweiterung der Holdout-Methode verwendet, bei welcher der Datensatz statt in zwei Teilmengen in drei Teilmengen aufgeteilt wird: Trainings-, Validierungs- und Testmenge. Auf diese Weise ist es während der Trainingsphase möglich, Hyperparameter Tuning oder Modellanpassungen auf Basis der Ergebnisse der Validierungsmenge durchzuführen. Würden Hyperparameter stattdessen anhand der Trainingsmenge erlernt werden, führt dies dazu, dass stets die maximal mögliche Modellkapazität gewählt wird und sich das Modell an die Trainingsdaten perfekt anpasst (siehe Abschnitt 2.8.2). Die Testmenge wird im Rahmen der Trainings- und Validierungsphase nicht verwendet, um eine unvoreingenommene Bewertung der Modellleistung zu ermöglichen (vgl. Goodfellow et al., 2016, S. 120 f.).

Die *K-fache Kreuzvalidierung* ist eine Erweiterung der Holdout-Methode. Der Datensatz wird in K gleich große Teilmengen aufgeteilt, wobei das Netz K-mal trainiert wird. Bei jedem Durchlauf wird eine andere Teilmenge als Validierungsmenge zur Leistungsbeurteilung und die übrigen $K - 1$ Teilmengen als Trainingsmenge verwendet. Zur Bewertung des Modells wird der Durchschnitt der Leistungen aus allen K Durchläufen gebildet. Diese Methode ist besonders nützlich bei kleinen Datensätzen, um eine im Vergleich zur Holdout-Methode zuverlässigere Schätzung der Modellleistung zu erhalten (vgl. Kohavi, 1995; Angiulli und Folino, 2007).

Die *Leave-One-Out Kreuzvalidierung* stellt ein Spezialfall der K-fachen Kreuzvalidierung dar. Hier entspricht K der Anzahl an Instanzen im Datensatz, wodurch bei jeder Iteration genau eine Dateninstanz zur Validierung verwendet wird. Diese Methode wird üblicherweise bei sehr kleinen Datensätzen angewandt. Gleichzeitig geht dieses Verfahren mit einem höheren Rechenaufwand einher, da das Modell so oft trainiert wird, wie es Instanzen im Datensatz gibt. Ein Vergleich der K-fachen Kreuzvalidierung und der Leave-One-Out Kreuzvalidierung ist bei Wong (2015) zu finden.

Eine weitere Variante der Kreuzvalidierung stellt die *stratifizierte Kreuzvalidierung* dar. Bei dieser wird im Zuge der Aufteilung des Datensatzes in Teilmengen sichergestellt, dass jede Teilmenge eine ähnliche Verteilung wie der Originaldatensatz aufweist. Diese Methode eignet sich vor allem für unausgeglichene Datensätze, um bspw. bei einem Klassifizierungsproblem zu gewährleisten, dass jede Klasse in der Validierung angemessen repräsentiert ist (vgl. García et al., 2015, S. 23).

Eine alternative Validierungsmethode zur Holdout-Methode und zur Kreuzvalidierung stellt das *Bootstrapping* dar. Beim Bootstrapping werden aus dem Originaldatensatz durch zufälliges Ziehen mit Zurücklegen zahlreiche Stichproben generiert. Jede Stichprobe hat die gleiche Größe wie der Originaldatensatz, weist aber aufgrund der Zufälligkeit des Prozesses einige Dateninstanzen mehrfach und andere Dateninstanzen möglicherweise gar nicht auf. Für jede derart generierte Stichprobe wird das neuronale Netz unabhängig trainiert und validiert. Die Leistung des Netzes ergibt sich dann aus dem Durchschnitt der Validierungsergebnisse über die verschiedenen Stichproben (vgl. Efron und Tibshirani, 1993).

2.8.4 Regularisierung

Im folgenden Kapitel werden ausgewählte Verfahren zur Reduzierung von Überanpassung in neuronalen Netzen vorgestellt. Diese können einzeln oder in Kombination verwendet werden, um die Robustheit und Generalisierungsfähigkeit von neuronalen Netzen zu erhöhen.

Early Stopping

Early Stopping ist eine Form der Regularisierung, die verwendet wird, um Überanpassung beim Training von ML-Modellen, insbesondere bei neuronalen Netzen, zu verhindern. Die Grundidee besteht darin, den Trainingsprozess zu beenden, sobald die Leistung des Modells auf einem separaten Validierungsdatensatz zu sinken beginnt, statt basierend auf der Leistung des Modells auf den Trainingsdaten weiter zu trainieren (vgl. Haykin, 2009, S. 173 f.). Hierbei kann es vorkommen, dass die Kurve des Generalisierungsfehlers des Validierungsdatensatzes einige lokale Minima aufweist, bevor die Kurve mit zunehmender Epochenanzahl ansteigt. Für diesen Fall zeigt Prechelt (1998) verschiedene Kriterien auf, die zum Abbruch des Trainings verwendet werden können.

Die Methode des Early Stoppings kann auch als effektiver Ansatz zur Ermittlung der optimalen Anzahl von Trainingsepochen betrachtet werden. Bei der Epochenanzahl handelt es sich um einen Hyperparameter, der die effektive Modellkapazität und damit auch die Leistung des Modells beeinflusst (vgl. Abbildung 2.16). Durch die Implementierung eines frühzeitigen Trainingsabbruchs wird eine zielgerichtete Kontrolle über die effektive Kapazität des Modells ermöglicht, indem definiert wird, wie viele Anpassungsschritte seitens des Modells maximal unternommen werden dürfen. Im Gegensatz zu den nachfolgenden Regularisierungsverfahren handelt es sich bei der Early Stopping Methode um eine dezente Art der Regularisierung, da diese keine signifikanten Änderungen am bisher verwendeten Lernverfahren oder an der Kostenfunktion erfordert (vgl. Goodfellow et al., 2016, S. 247 f.).

L1- und L2-Regularisierung

Einen anderen Ansatz zur Reduzierung von Überanpassung in ML-Modellen verfolgen die L1- und L2-Regularisierung. Beide Methoden fügen der Kostenfunktion des Modell einen Regularisierungsterm hinzu, um die Komplexität des Modells zu reduzieren und seine Generalisierungsfähigkeit zu verbessern. Der einzige Unterschied zwischen beiden Verfahren liegt in der Art des verwendeten Regulierungsterms (vgl. Goodfellow et al., 2016, Abschnitt 7.1).

Bei der *L1-Regularisierung*, auch bekannt als Lasso-Regularisierung (Least Absolute Shrinkage and Selection Operator), wird der Kostenfunktion ein zusätzlicher Term hinzugefügt, der proportional zur absoluten Summe der Netzgewichte ist. Die Kostenfunktion unter Anwendung einer L1-Regularisierung mit einem Regularisierungskoeffizienten λ kann Gl. (2.63) entnommen werden.

L1-Regularisierung:

$$C_{L1} := C + \lambda \sum_{i=1}^{n} |w_i| \tag{2.63}$$

Dabei ist C die ursprüngliche Kostenfunktion des Modells, w_i repräsentiert ein einzelnes Gewicht, und n ist die Anzahl der Gewichte des Modells. Ein wesentliches Merkmal der L1-Regularisierung ist, dass sie dazu neigt, einige Gewichte auf den Wert 0 zu reduzieren, was zu dünn besetzten Modellen führt. Dies kann besonders nützlich sein, wenn vermutet wird, dass einige Features für die Vorhersage irrelevant sind und folglich eine natürliche Feature-Auswahl erfolgen soll (vgl. Tibshirani, 1996). Der Regularisierungskoeffizient λ spielt eine entscheidende Rolle bei der Bestimmung des Ausmaßes der Regularisierung. Ein höherer Wert von λ führt zu einer stärkeren Regularisierung, was das Risiko von Unteranpassung erhöht, während ein zu kleiner Wert für λ eine Überanpassung möglicherweise nicht vollständig verhindert. Die passende Auswahl von λ hängt stark von den spezifischen Daten und vom Modell ab und wird üblicherweise im Rahmen des Hyperparameter Tunings ermittelt.

Die *L2-Regularisierung*, auch bekannt als Ridge-Regularisierung oder Tikhonov-Regularisierung (vgl. Goodfellow et al., 2016, S. 231), fügt der Kostenfunktion einen

Term hinzu, der proportional zur Quadratsumme der Netzgewichte ist. Die Formel der L2-Regularisierung ist in Gl. (2.64) dargestellt.

L2-Regularisierung:

$$C_{L2} := C + \lambda \sum_{i=1}^{n} w_i^2 \tag{2.64}$$

Der Hauptunterschied zur L1-Regularisierung besteht darin, dass bei der L2-Regularisierung sehr hohe Gewichte bestraft werden, was folglich zu kleineren Gewichten führt. Da die Gewichte jedoch nicht notwendigerweise den Wert 0 annehmen, resultieren im Vergleich zur L1-Regularisierung keine dünn besetzten Netze (vgl. Hoerl und Kennard, 1970).

Dropout

Ein alternatives Verfahren zur Reduzierung von Überanpassung stellt die von Srivastava et al. (2014) entwickelte *Dropout*-Methode dar. Diese beruht auf dem Prinzip, eine zufällige Auswahl von Neuronen (einschließlich ihrer eingehenden und ausgehenden Verbindungen) während des Trainingsprozesses abzuschalten, d. h. sie temporär aus dem Netzwerk zu entfernen. Durch das Abschalten von Neuronen wird effektiv verhindert, dass das KNN zu stark von einzelnen Neuronenverbindungen abhängig wird, was zu einem robusteren Modell mit einer besseren Generalisierungsfähigkeit führt.

Aus technischer Sicht wird bei der Dropout-Methode für jede Trainingsepoche eine Matrix aus Zufallszahlen generiert, die angibt, welche Neuronen für die aktuelle Trainingsepoche aktiviert bleiben. Die *Dropout-Quote* p bestimmt den Anteil der Neuronen, die in jeder Trainingsepoche deaktiviert werden. Das Netz wird mit der verbleibenden reduzierten Menge an Neuronen anhand der aktuellen Trainingsdaten trainiert. Da in jeder Epoche eine andere Auswahl an Neuronen deaktiviert wird, wird im Verlauf des Trainings effektiv eine große Vielzahl von unterschiedlichen Netzen trainiert.[20] Diese Vorgehensweise führt dazu, dass das KNN nicht in der Lage ist, sich zu stark auf jedes einzelne Neuron zu verlassen, da jedes Neuron mit einer gewissen Wahrscheinlichkeit während des Trainings entfernt werden könnte. Das Netz wird daher gezwungen, redundante Repräsentationen für die Daten zu entwickeln (vgl. Srivastava et al., 2014).

Beim Einsatz des trainierten Modells zur Vorhersage werden alle Neuronen reaktiviert. Um hierbei den Effekt des während des Trainings durchgeführten »Aus-

[20] In diesem Kontext kann die Dropout-Methode auch als eine Art Ensemble-Methode angesehen werden, bei der viele unterschiedliche Teilnetzwerke trainiert und schließlich gemittelt werden, um die Vorhersagen zu stabilisieren (vgl. Baldi und Sadowski, 2013).

dünnens« auszugleichen, werden die Ausgaben der Neuronen in Abhängigkeit der Dropout-Quote p skaliert. Auf diese Weise ist die erwartete Summe der Aktivierungen konsistent zur Trainingsphase. Ohne diese Anpassung würden die Neuronen höhere Aktivierungen aufweisen als im Rahmen der Trainingsphase, was zu einem unerwünschten Verhalten und zu ungenauen Vorhersagen führen könnte. Die optimale Wahl der Dropout-Quote ist analog zum Regularisierungskoeffizienten im Zuge des Hyperparameter Tunings zu ermitteln (vgl. Srivastava et al., 2014; Baldi und Sadowski, 2013).

Einführung in die Losgrößenplanung 3

Im folgenden Kapitel soll in das Themengebiet der Losgrößenplanung eingeführt werden. In Abschnitt 3.1 wird zunächst die Losgrößenplanung in die kapazitätsorientierte Produktionsplanung und -steuerung eingeordnet. Abschnitt 3.2 widmet sich anschließend einem Klassifikationsschema für Losgrößenmodelle bevor in Abschnitt 3.3 das CLSP im Detail vorgestellt wird. Im darauffolgenden Abschnitt 3.4 werden vier ausgewählte Heuristiken zur Lösung des CLSP detailliert beschrieben und Unterschiede zwischen den Verfahren übersichtlich dargestellt. Zum Abschluss werden Publikationen präsentiert, bei denen künstliche neuronale Netze zur Lösung von Losgrößenproblemen (siehe Abschnitt 3.5) bzw. zur Lösung von Algorithm Selection Problemen (siehe Abschnitt 3.6) eingesetzt werden.

3.1 Einordnung in die kapazitätsorientierte Produktionsplanung und -steuerung

Die Losgrößenplanung ist Bestandteil der Produktionsplanung und -steuerung (PPS). Die PPS umfasst die Planung, Steuerung und Kontrolle aller Produktionsprozesse in einem Unternehmen mit dem Ziel, Erzeugnisse rechtzeitig, in der erforderlichen Qualität und Menge sowie zu minimalen Kosten bereitzustellen (vgl. Drexl et al., 1994, S. 1022).

Die im Rahmen der PPS zu treffenden Entscheidungen lassen sich in Abhängigkeit der Länge des Planungshorizonts und der Wichtigkeit der Entscheidung in die drei Planungsebenen *strategische*, *taktische* und *operative Planung* untergliedern. Strategische Entscheidungen sind für einen langfristigen Zeitraum gültig und beziehen sich im PPS bspw. auf die Festlegung von Produktionsstrategien.

J. Kärcher, *Untersuchung von Machine-Learning-Verfahren zur Lösung von Losgrößenproblemen*, Produktion und Logistik,
https://doi.org/10.1007/978-3-658-49153-6_3

Demgegenüber betreffen taktische Entscheidungen im PPS vor allem die Tiefe und Breite des Produktionsprogramms (vgl. Drexl et al., 1994, S. 1022). Der Planungshorizont umfasst hierbei meist zwischen 6 und 24 Monate (vgl. Fleischmann et al., 2015, S. 72). Auf der operativen Ebene werden hingegen Entscheidungen über das kurzfristige Produktionsprogramm sowie über die zu verwendenden Produktionsfaktoren getroffen (vgl. Drexl et al., 1994, S. 1022).

Um die komplexen Entscheidungsprozesse innerhalb der PPS zu koordinieren, ist ein Planungssystem erforderlich. Aus diesem Grund wird im folgenden Abschnitt das *Pyramiden-Modell zur kapazitätsorientierten Produktionsplanung und-steuerung* von Drexl et al. (1994) näher erläutert. Das Pyramiden-Modell stellt ein hierarchisches Produktionssystem dar, bei dem knappe Kapazitäten auf allen Planungsebenen beachtet werden und hinsichtlich der Planungsaufgaben zwischen verschiedenen Organisationstypen differenziert wird (vgl. Günther und Tempelmeier, 2012, Kapitel 9; Tempelmeier, 2006, S. 5). Die Grundstruktur ist in Abbildung 3.1 dargestellt.

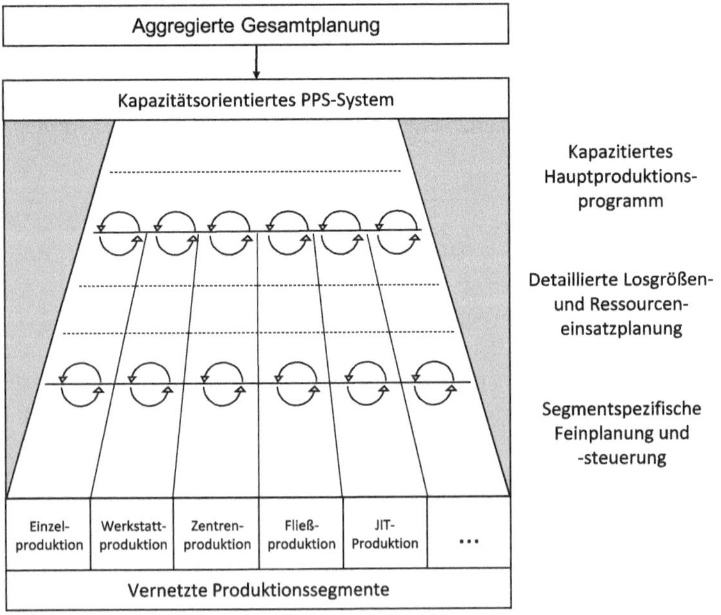

Abbildung 3.1 Grundstruktur einer kapazitiätsorientierten Produktionsplanung-und steuerung (vgl. Drexl et al., 1994, S. 1030)

Die *aggregierte Gesamtplanung* bildet den Ausgangspunkt. Als Ergebnis der aggregierten Gesamtplanung ergibt sich ein standortübergreifender Produktionsplan, welcher in der Regel einen mittelfristigen Zeitraum von ein bis zwei Jahren abdeckt und sowohl konjunkturelle Schwankungen als auch langfristige Absatztrends berücksichtigt. Zu beachten ist, dass der aggregierte Produktionsplan nicht für einzelne Produkte, sondern für Produkttypen ermittelt wird. Ein Produkttyp repräsentiert eine Menge von Produkten, die durch einen ähnlichen Produktionsprozess, einen vergleichbaren Nachfrageverlauf und eine ähnliche Kostenstruktur gekennzeichnet sind. Hinsichtlich der zeitlichen Granularität werden Monate bzw. Quartale betrachtet. Um einen umfassenden Überblick über die verfügbaren Ressourcen zu erhalten und eine grobe Planung der Produktionsmengen über einen mittelfristigen Zeitraum zu ermöglichen, werden Produktionskapazitäten standortübergreifend zusammengeführt. Auf diese Weise lassen sich Engpässe frühzeitig identifizieren und die Auslastung der Ressourcen optimieren (vgl. Drexl et al., 1994, S. 1030 f.).

Ausgehend von der aggregierten Gesamtplanung wird im Rahmen der *kapazitierten Hauptproduktionsprogrammplanung* unter Berücksichtigung bereits vorhandener Kundenaufträge und kurzfristiger Absatzprognosen ein Hauptproduktionsprogramm für einzelne Werke für einen Zeitraum von drei bis 12 Monaten ermittelt. Im Vergleich zur aggregierten Gesamtplanung nimmt der Detaillierungsgrad zu. Statt Produkttypen werden einzelne Hauptprodukte mit ihren wichtigsten Vorprodukten und statt Monaten bzw. Quartalen werden in der Regel Wochen betrachtet (vgl. Drexl et al., 1994, S. 1033). Analog zur aggregierten Gesamtplanung werden vorhandene Produktionskapazitäten in aggregierter Form berücksichtigt, so dass potenzielle Engpässe erkannt und geeignete Maßnahmen ergriffen werden. Bspw. können durch die Vorausproduktion entsprechender Teile oder Produkte zukünftige Kapazitätsengpässe gemildert werden. Alternativ kann möglicherweise auch die Produktionskapazität bspw. durch den Einsatz von Überstunden kurzfristig erhöht werden (vgl. Günther und Tempelmeier, 2012, S. 169).

Neben der Erstellung von dezentralen Produktionsprogrammen erfüllt die Hauptproduktionsprogrammplanung auch eine Koordinationsfunktion. Die horizontale Koordination betrifft die Abstimmung zwischen verschiedenen Produktionssegmenten, die bspw. nach dem Prinzip der Werkstattproduktion, der Fließproduktion oder der Just-In-Time-Produktion (JIT) organisiert sein können. Kann ein Erzeugnis in verschiedenen Produktionssegmenten hergestellt werden, müssen im Rahmen der Hauptproduktionsprogrammplanung Produktionsmengen auf die einzelnen Produktionssegmente verteilt werden. Zusätzlich zur horizontalen Koordination ist eine vertikale Abstimmung zwischen den verschiedenen Stufen des Produktionsprozesses notwendig (vgl. Günther und Tempelmeier, 2012, S. 169).

Die *Losgrößen- und Ressourceneinsatzplanung* baut auf den Vorgaben der Hauptproduktionsprogrammplanung auf. Weist ein Produktionssystem mehrere verschiedene Produktionssegmente auf, unterscheiden sich die Planungsprobleme in den weiteren Planungsschritten in Abhängigkeit des Organisationstyps (Fließ-, Werkstatt-, Zentrenproduktion usw.) des jeweiligen Produktionssegments. Eine ausführliche Erläuterung der Unterschiede ist bspw. bei Günther und Tempelmeier (2012, Kapitel 9) zu finden.

Gegenstand der Losgrößen- und Ressourceneinsatzplanung ist es, die im Rahmen der Hauptproduktionsprogrammplanung festgelegten Produktionsmengen und -termine unter Einbezug der Erzeugnisstruktur in konkrete Auftragsgrößen für die jeweils benötigten Baugruppen, Komponenten und Einzelteile umzusetzen. Dies bedeutet, dass als Ergebnis für jedes Produktionssegment und für alle Produkte genau festgelegt ist, welche Mengen zu welchem Zeitpunkt beschafft oder auf welchen Maschinen bzw. Maschinengruppen produziert werden müssen (vgl. Günther und Tempelmeier, 2012, S. 180 f.). Der Planungszeitraum umfasst hierbei vier bis 12 Wochen und unterteilt sich in Tage oder Schichten. Im Vergleich zur Hauptproduktionsprogrammplanung nimmt der Aggregationsgrad bei der Modellierung der beschränkten Kapazitäten der Ressourcen weiter ab, so dass bspw. Personalkapazitäten oder technische Kapazitäten einzelner Arbeitsplatzgruppen betrachtet werden (vgl. Drexl et al., 1994, S. 1034).

Abschließend erfolgt die segmentspezifische Feinplanung und -steuerung. Der Inhalt dieser Planungsphase ist maßgeblich vom Organisationstyp des jeweiligen Produktionssegments abhängig. Im Allgemeinen dient die Phase der Vorbereitung und Ausführung einzelner Arbeitsgänge, die zur Durchführung eines Fertigungsauftrags erforderlich sind (vgl. Drexl et al., 1994, S. 1035).

3.2 Klassifizierungsschema für Losgrößenmodelle

In der Produktionsplanung treten verschiedene Losgrößenprobleme auf, deren Charakteristika maßgeblich durch den spezifischen Organisationstyp der Fertigung sowie den zugrunde liegenden Produktionsprozess bestimmt werden. Aus diesem Grund sind im Laufe der Zeit viele verschiedene quantitative Optimierungsmodelle zur Losgrößenplanung entwickelt worden. Diese ermöglichen anhand einer Zielfunktion und unter Berücksichtigung von Restriktionen eine Bewertung von verschiedenen Handlungsalternativen und können im Zuge der Entscheidungsfindung zur Unterstützung herangezogen werden. Im Folgenden wird zur Einordnung und Beschreibung von Losgrößenmodellen das Klassifizierungsschema von

Sahling (2010, S. 10–14) vorgestellt, welches auf den Arbeiten von Derstroff (1995), Domschke et al. (1997), Karimi et al. (2003) und Suerie (2005) aufbaut.

Das Klassifizierungsschema ist in Abbildung 3.2 dargestellt. Die Losgrößenmodelle lassen sich gemäß der Klassifizierungsmerkmale »Informationsgrad der Modellparameter«, »Zeitstruktur der Nachfrage«, »Anzahl der Produkte«, »Anzahl der Fertigungsstufen«, »Maschinenanzahl« und »Kapazitätsbeschränkung« unterteilen. Nachfolgend werden die Klassifizierungsmerkmale und ihre möglichen Ausprägungen genauer beschrieben.

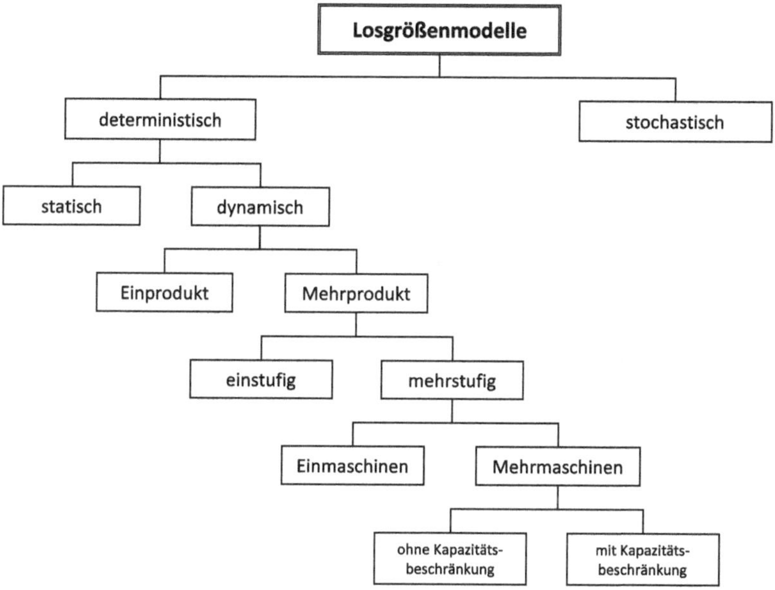

Abbildung 3.2 Klassifizierungsschema für Losgrößenmodelle (Sahling, 2010, S. 11; in Anlehnung an Domschke et al., 1997, S. 74)

Informationsgrad der Modellparameter: Hinsichtlich des Informationsgrads der Parameter kann zwischen deterministischen und stochastischen Modellen unterschieden werden. Während in *deterministischen* Modellen alle Modellparameter als bekannt angenommen werden, sind in *stochastischen* Modellen einzelne Modellparameter mit Unsicherheit behaftet und werden mit Hilfe von Zufallsvariablen abgebildet. Als Beispiel kann die Nachfrage oder Maschinenkapazität genannt werden (vgl. Stammen-Hegener, 2002, S. 13).

Zeitstruktur der Nachfrage: Auf der nächsten Ebene lassen sich gemäß dem Klassifizierungsschema Losgrößenprobleme in Abhängigkeit der Zeitstruktur in statische und dynamische Modelle unterteilen. *Statische* Losgrößenmodelle zeichnen sich dadurch aus, dass die Nachfrage über die Zeit hinweg konstant bleibt. Hierbei wird in der Regel ein unendlicher Planungshorizont und eine kontinuierliche Zeitachse unterstellt, wodurch eine Losauflage zu beliebigen, reellwertigen Zeitpunkten möglich ist (vgl. Domschke et al., 1997, S. 70).

Im Gegensatz dazu weisen *dynamische* Modelle Parameter auf, welche im Zeitverlauf hinsichtlich ihrer Höhe variieren können. In der Regel betrifft dies insbesondere die Nachfrage, die typischerweise zeitlichen Schwankungen unterliegt. In dynamischen Modellen wird ein endlicher Planungshorizont zugrunde gelegt, welcher in T diskrete Perioden unterteilt ist. Auf diese Weise kann in jeder Periode eine unterschiedlich hohe Nachfrage hinterlegt werden. Gleichzeitig ist aufgrund der diskreten Struktur eine Losauflage nur zu festgelegten Zeitpunkten möglich (vgl. Stammen-Hegener, 2002, S. 13).

Anzahl der Produkte: Des Weiteren stellt sich die Frage, wie viele Produkte im Modell betrachtet werden. In *Einproduktmodellen* wird die Losgröße lediglich für ein einzelnes Produkt festgelegt. Im Gegensatz dazu werden in *Mehrproduktmodellen* Losgrößen für mehrere Produkte, die untereinander um knappe Kapazitäten konkurrieren, simultan ermittelt (vgl. Domschke et al., 1997, S. 71).

Anzahl der Fertigungsstufen: Die Erzeugnisstruktur beschreibt, in welcher Beziehung alle Teile eines Erzeugnisses zueinander stehen. Diese Information wird in der sogenannten »bill of material« (BOM) festgehalten (vgl. Meyr und Stadtler, 2015, S. 59). Wird in diesem Zusammenhang lediglich eine Ebene der Produktstruktur betrachtet, wird von einer *einstufigen* und bei mehr als einer Ebene von einer *mehrstufigen* Erzeugnisstruktur gesprochen. Wie Abbildung 3.3 zeigt, kann die Erzeugnisstruktur im Falle einer mehrstufigen Betrachtung nach der Art der Vorgänger-Nachfolger-Beziehung weiter differenziert werden (vgl. Tempelmeier, 2006, S. 103 f.). Hat jedes Produkt höchstens einen Vorgänger und höchstens einen Nachfolger, wird von einer seriellen Erzeugnisstruktur (a) gesprochen. Demgegenüber zeichnet sich eine konvergierende Erzeugnisstruktur (b) dadurch aus, dass jedes Produkt ebenfalls nur einen Nachfolger aber mehrere Vorgängerprodukte aufweist. Eine divergierende Erzeugnisstruktur (c) ist gegeben, wenn ein Produkt lediglich einen Vorgänger und mehrere Nachfolger besitzt. In der Regel weist eine Erzeugnisstruktur typischerweise sowohl Elemente einer konvergierenden als auch einer divergierenden Struktur (d) auf (vgl. Meyr, 1999, S. 47).

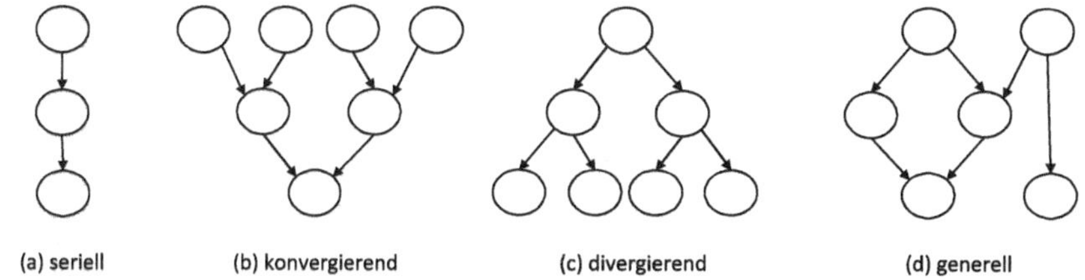

Abbildung 3.3 Grundformen der Erzeugnisstrukturen (in Anlehnung an Sahling, 2010, S. 12; Tempelmeier, 2006, S. 104)

In Modellen, die ein mehrstufiges Produktionssystem betrachten, kann darüber hinaus unterschieden werden, ob die Anzahl der betrachteten Produktionsstufen fest vorgegeben und damit begrenzt oder völlig frei wählbar und somit unbegrenzt ist. Des Weiteren spielt die Anordnung der Maschinen eine wesentliche Rolle. Im Falle einer Werkstattfertigung sind die Maschinen in der Regel beliebig vernetzt, so dass die verschiedenen Produkte die jeweils notwendigen Produktionsstufen auf unterschiedliche Weise durchlaufen können. Wird demgegenüber eine Fließfertigung betrachtet, sind die Maschinen oft parallel und/ oder seriell angeordnet. Eine serielle Anordnung der Maschinen hat zur Folge, dass alle Produkte die jeweiligen Produktionsstufen nacheinander und in identischer Reihenfolge durchlaufen müssen (vgl. Meyr, 1999, S. 46).

Maschinenanzahl: Ein weiteres Klassifizierungsmerkmal stellt die Maschinenanzahl dar. Hierbei stellt sich die Frage, ob innerhalb einer Produktionsstufe auf *einer* oder auf *mehreren* parallelen Maschinen produziert werden kann. Weisen parallele Maschinen identische Kosten oder Produktionsleistungen auf, werden diese als homogen bezeichnet. Ist dies nicht der Fall, handelt es sich um heterogene Maschinen. Zu beachten ist, dass beim Einsatz von parallelen Maschinen auch eine Aufteilung der Lose (lotsplitting) möglich ist (vgl. Meyr, 1999, S. 46).

Kapazitätsbeschränkung: Das letzte Klassifizierungsmerkmal betrifft die Kapazität der Produktions- und Lagerressourcen. In *unkapazitierten* Modellen werden Kapazitätsrestriktionen grundsätzlich vernachlässigt (vgl. Domschke et al., 1997, S. 72 f.). Demgegenüber kann in Modellen *mit Kapazitätsbeschränkung* bspw. die Produktionsressource eine Kapazität in Maschinenstunden aufweisen, welche nicht überschritten werden darf. Grundsätzlich macht eine Berücksichtigung der Kapazität nur Sinn, wenn die jeweilige Ressource einen Engpass im Produktionsprozess darstellt (vgl. Sahling, 2010, S. 13).

3.3 Das Capacitated Lotsizing Problem (CLSP)

Das Capacitated Lotsizing Problem stellt ein dynamisches, einstufiges Mehrproduktproblem mit beschränkten Produktionskapazitäten dar. In jeder Periode t $(t = 1, \ldots, T)$ können Produktionslose für mehrere Produkte j $(j = 1, \ldots, J)$ aufgelegt werden. Hierzu steht eine Produktionslinie zur Verfügung, welche in jeder Periode t eine begrenzte zeitliche Kapazität K_t aufweist, die nicht überschritten werden darf. Die Produktion einer Einheit eines Produkts j benötigt a_j Zeiteinheiten.

Die Nachfrage eines Produkts j in Periode t wird mit d_{jt} definiert und muss in jeder Periode exakt erfüllt werden. Eine Nachlieferung ist nicht möglich. Sollte die Nachfrage eines Produkts j in Periode t aufgrund der begrenzten Kapazität der Produktionslinie nicht direkt in Periode t produziert werden können, ist es möglich, diese in vorherigen Perioden zu produzieren. Hierbei fallen für die Lagerung einer Einheit des Produkts j pro Periode Lagerkosten in Höhe von hc_j an. Damit ein Los des Produkts j in Periode t aufgelegt werden kann, muss die Produktionslinie in Periode t für Produkt j gerüstet sein. Für jeden Rüstvorgang fallen fixe Kosten in Abhängigkeit des Produkts in Höhe von sc_j an. Für jede Periode t und jedes Produkt j werden die kontinuierlichen nicht-negativen Variablen X_{jt} und I_{jt} sowie die binäre Rüstvariable Y_{jt} eingeführt. X_{jt} stellt die Produktionsmenge von Produkt j in Periode t dar. Demgegenüber wird mit I_{jt} der Lagerbestand von Produkt j am Ende von Periode t bezeichnet. Die binäre Rüstvariable Y_{jt} drückt aus, ob die Produktionslinie in Periode t für das Produkt j gerüstet ist (1) oder nicht (0).

In Tabelle 3.1 sind die im Modell verwendeten Indizes, Parameter und Entscheidungsvariablen übersichtlich dargestellt. Eine periodenübergreifende Erhaltung des Rüstzustandes ist nicht möglich. Darüber hinaus wird die Reihenfolge der Lose innerhalb einer Periode nicht ermittelt. Das CLSP stellt ein NP-schweres Problem dar (vgl. Bitran und Yanasse, 1982; Chen und Thizy, 1990).

Tabelle 3.1 Notation CLSP

Indizes:		
$j = 1, \ldots, J$	Produkt	
$t = 1, \ldots, T$	Periode	
Parameter:		
d_{jt}	Nachfrage nach Produkt j in Periode t	[ME]
K_t	Kapazität in Periode t	[ZE]
a_j	Produktionskoeffizient von Produkt j	[ZE/ME]

(Fortsetzung)

Tabelle 3.1 (Fortsetzung)

hc_j	Lagerkosten für die Lagerung von einer Einheit des Produkts j über eine Periode	[GE/(ME·Perioden)]
sc_j	Rüstkosten für den Wechsel auf Produkt j	[GE/Rüstvorgang]
Variablen:		
$X_{jt} \geq 0$	Produktionsmenge von Produkt j in Periode t	[ME]
$I_{jt} \geq 0$	Lagerbestand von Produkt j am Ende von Periode t, wobei $I_{j0} = 0$	[ME]
$Y_{jt} \in \{0, 1\}$	Rüstvariable: Nimmt den Wert 1 an, wenn die Produktionslinie für Produkt j in Periode t gerüstet wird, sonst 0	

Die mathematische Formulierung des Modells lautet wie folgt (vgl. Günther, 1987):

Modell CLSP:

Zielfunktion:

$$Min \quad \sum_{j=1}^{J} \sum_{t=1}^{T} hc_j \cdot I_{jt} + \sum_{j=1}^{J} \sum_{t=1}^{T} sc_j \cdot Y_{jt} \tag{3.1}$$

Nebenbedingungen:

$$I_{j,t-1} + X_{jt} - d_{jt} = I_{jt} \qquad \forall\ j, t \tag{3.2}$$

$$\sum_{j=1}^{J} X_{jt} \cdot a_j \leq K_t \qquad \forall\ t \tag{3.3}$$

$$X_{jt} \leq Y_{jt} \cdot \sum_{p=t}^{T} d_{jp} \qquad \forall\ j, t \tag{3.4}$$

Das Ziel (3.1) ist es, die anfallenden Lager- und Rüstkosten unter Berücksichtigung der vollständigen Nachfragebefriedigung und der Einhaltung der Periodenkapazität zu minimieren. Da der produktabhängige Rüstkostensatz an die binäre Rüstvariable gekoppelt ist, fallen nur dann Rüstkosten an, wenn die Rüstvariable den Wert 1 annimmt.

Die Lagerbilanzgleichung (3.2) besagt, dass sich der Lagerbestand von Produkt j am Ende der Periode t aus dem Lagerbestand von Produkt j der Vorperiode $t-1$ zuzüglich der Produktionsmenge von Produkt j in Periode t abzüglich der Nachfrage von Produkt j in Periode t ergibt. Des Weiteren wird mit (3.2) zugleich sichergestellt, dass die Nachfrage für jedes Produkt j in jeder Periode t zwingend erfüllt werden muss.

Die Restriktion (3.3) stellt für jede Periode t sicher, dass die zur Produktion von Produkt j in Periode t benötigte Zeit, aufsummiert über alle Produkte j, kleiner oder gleich der vorhandenen Kapazität der Produktionslinie in Periode t ist.

Demgegenüber gewährleistet Restriktion (3.4), dass die Produktion von Produkt j in Periode t nur dann möglich ist, wenn die Produktionslinie für das Produkt j in Periode t gerüstet wird. Hierzu wird die Rüstvariable von Produkt j in Periode t mit einer hinreichend großen Zahl multipliziert. Damit die Produktionsmenge von Produkt j in Periode t aufgrund der Kleiner-Gleich-Bedingung Werte größer 0 annehmen kann, muss die entsprechende Rüstvariable den Wert 1 annehmen. Da im CLSP keine Nachlieferungen möglich sind, ergibt sich eine hinreichend große Zahl, indem die Nachfrage des Produkts j von Periode t bis zum Ende des Plannungshorizonts aufsummiert wird.

3.4 Lösungsheuristiken des CLSP

Im Laufe der Zeit sind viele Lösungsheuristiken für das CLSP entstanden. Ein strukturierter Überblick zu Lösungsverfahren für einstufige, kapazitierte Losgrößenprobleme ist bspw. in Maes und Van Wassenhove (1988), Karimi et al. (2003), Jans und Degraeve (2007), Buschkühl et al. (2010) und Copil et al. (2017) zu finden. Buschkühl et al. (2010) teilen die Lösungsansätze für das CLSP in die fünf Kategorien »mathematische Programmierung«, »Lagrange-Heuristiken«, »Dekompositions- und Aggregationsheuristiken«, »Metaheuristiken« und »problemspezifische Greedy-Heuristiken« ein. Zur Klassifizierung der Greedy-Heuristiken schlagen sie die folgenden Kriterien vor.

Erstens können Greedy-Heuristiken – die auch als Common-Sense-Heuristiken bezeichnet werden – grundsätzlich in zwei **Typen** unterteilt werden. *Konstruktive Heuristiken* beginnen mit einer leeren Lösungsmatrix, deren Größe sich aus der Perioden- und Produktanzahl des betrachteten Losgrößenproblems ergibt. Anschließend wird die Lösungsmatrix Periode für Periode ergänzt, bis eine zulässige Lösung entsteht.

Demgegenüber bauen *verbessernde Heuristiken* auf einer Startlösung auf, welche bspw. durch Anwendung der Lot-for-Lot Regel[1] erzeugt werden kann. Da die Startlösung für das betrachtete Losgrößenproblem meist unzulässig ist oder eine schlechte Lösungsqualität aufweist, wird diese mit Hilfe von Verschiebestrategien solange angepasst, bis eine zulässige und bessere Lösung erreicht wird.

Ein weiteres Unterscheidungskriterium kann in der **Planungsrichtung** erkannt werden. Diese kann *vorwärts* oder *rückwärts* sein, wobei dabei lediglich die benachbarten Perioden bei der Ermittlung der einzelnen Losgrößen betrachtet werden.

Eine andere Möglichkeit besteht darin, dass in jedem Arbeitsschritt der Heuristik *alle Planungsperioden* des aktuellen Produktionsplans berücksichtigt werden, so dass eine spezifische Planungsrichtung nicht vorab festgelegt ist. Diese Art der Planung kann lediglich in Verbindung mit einer verbessernden Heuristik auftreten.

Des Weiteren können zwischen den Heuristiken Unterschiede hinsichtlich des Vorgehens zur **Überprüfung der Zulässigkeit** einer Lösung festgestellt werden. Heuristiken, welche eine *Look-ahead-Strategie* verfolgen, führen in jeder Iteration eine Zulässigkeitsprüfung durch. Hierbei werden die Losgrößen, wenn nötig, um eine entsprechende Mindestlagermenge angepasst, welche benötigt wird, um eine Kapazitätsverletzung in späteren Perioden zu vermeiden.

Demgegenüber wenden Heuristiken mit einer *Feedback-Strategie* die Zulässigkeitsprüfung am Ende des Verfahrens auf den bis dahin erzeugten, möglicherweise nicht zulässigen, Produktionsplan an. Hierbei werden im Falle eines Kapazitätsengpasses ausgewählte Produktionslose bzw. Teilmengen solange in frühere Perioden vorgezogen, bis der resultierende Produktionsplan zulässig ist.

Eine dritte Möglichkeit zur Sicherstellung der Zulässigkeit einer Lösung kann in der *Smoothing-Strategie* erkannt werden, bei der die bestehende, nicht zulässige Lösung mit Hilfe mehrerer Teilprozeduren schrittweise zu einer zulässigen Lösung transformiert wird.

Zu guter Letzt können die Heuristiken auch anhand des angewendeten **Kostenkriteriums** unterschieden werden, welches im Rahmen von Losbündelungen zur Auswahl des entsprechenden Loses herangezogen wird. Als die bekanntesten Kriterien sind u. a. *Silver Meal* (vgl. Silver und Meal, 1969; Silver und Meal, 1973), *Groff* (vgl. Groff, 1979), *Part Period Balancing* (vgl. DeMatteis, 1968), *Cost per Setup and Production Time* (vgl. van Nunen und Wessels, 1978) und *Least Total Cost* (vgl. Dogramaci et al., 1981) zu nennen.

In den folgenden Kapiteln werden die im Rahmen der numerischen Studie angewendeten Lösungsheuristiken von Lambrecht und Vanderveken (1979), Dixon und

[1] Bei der Lot-for-Lot Regel wird in jeder Periode für jedes Produkt der tatsächliche Periodenbedarf als Losgröße eingeplant.

Silver (1981), Dogramaci et al. (1981) und Günther (1987) vorgestellt sowie deren Unterschiede erläutert. Die Klassifizierung der Lösungsheuristiken anhand der vorgestellten Unterscheidungskriterien kann Tabelle 3.2 entnommen werden.

Tabelle 3.2 Vergleich der betrachteten Heuristiken für das CLSP (vgl. Buschkühl et al., 2010)

Heuristik	Typ	Planungs-richtung	Zulässigkeit	Kosten-kriterium
Eisenhut (1975)*	C	F	–	PPB
Lambrecht und Vanderveken (1979	C	F	FB	SM
Dixon und Silver (1981)	C	F	LA	SM
Dogramaci et al. (1981)	I (L4L)	A	SP	LTC
Günther (1987)	I (L4L)	F	LA	CPP (G)

Notation:

C = Konstruktiv, I = Verbessernd, L4L = Lot-for-Lot

F = Vorwärts, A = Betrachtet in jeder Iteration den gesamten Produktionsplan

FB = Feedback, LA = Look-Ahead, SP = Smoothing

CPP = Cost per Setup and Production Time, G = Groff, LTC = Least Total Cost

PPB = Part Period Balancing, SM = Silver-Meal

* wird in der numerischen Studie nicht verwendet.

Wie bereits erwähnt, gibt es viele andere Arten von Heuristiken, die speziell für die Lösung des CLSP konzipiert sind. Für die numerische Studie wurden jedoch nicht alle existierenden Heuristiken ausgewählt. Ziel dieser Untersuchung ist es nicht, einen umfassenden Vergleich aller CLSP-Varianten und -Heuristiken durchzuführen. Stattdessen liegt der Fokus auf den relevantesten Heuristiken innerhalb der Kategorie der Greedy-Heuristiken, wie sie von Buschkühl et al. (2010) kategorisiert wurden. Bei der Auswahl wurde darauf geachtet, dass sowohl konstruktive Heuristiken als auch verbessernde Heuristiken eines ähnlichen Alters ausgewogen vertreten sind. Darüber hinaus sollten die Heuristiken ein möglichst breites Spektrum an Ansätzen abdecken (vgl. Tabelle 3.2), ausreichend gut dokumentiert sein und nur die Festlegung weniger Parameter erfordern.

3.4.1 Lambrecht and Vanderveken (1979)

Die Heuristik von Lambrecht und Vanderveken (1979) stellt eine Erweiterung der Heuristik von Eisenhut (1975) dar. Aus diesem Grund wird im folgenden Abschnitt zunächst die Heuristik von Eisenhut (1975) ausführlich erläutert, bevor im zweiten Teil der Ausführungen auf die Erweiterungen von Lambrecht und Vanderveken näher eingegangen wird. Die Erläuterung der verwendeten Symbole kann den Tabellen 3.3 und 3.1 entnommen werden.

Tabelle 3.3 Ergänzende Notation – Heuristik Lambrecht und Vanderveken (1979)

Indizes:		
j, j^*	Produkt	
t, p	Periode	
Parameter / Variablen:		
Kl_t	Kapazitätslücke in Periode t	[ZE]
Kr_t	Kapazitätsrest in Periode t	[ZE]
nP	Lagerdauer	[Perioden]
Hc_j	Lagerkosten von Produkt j	[GE]
Hc_j^{rel}	Lagerkosten pro freiwerdender Kapazitätseinheit von Produkt j	[GE/ZE]
Δ_{jp}	marginale Kostensenkung bei vollständiger Erweiterung von X_{jt} um d_{jp}	[GE/ME]
Q_j^{max}	maximale Menge, die von Produkt j verschoben werden kann	[ME]
Q	zu verschiebende Menge	[ME]

An dieser Stelle sei angemerkt, dass sowohl Eisenhut (1975) als auch Lambrecht und Vanderveken (1979) ihre Heuristik für ein CLSP ohne Produktionskoeffizienten entwickelten. Damit die Heuristik auch für das CLSP aus Abschnitt 3.3 angewendet werden kann, werden an den entsprechenden Stellen Anpassungen vorgenommen.

In der Heuristik von **Eisenhut** (1975) wird vorwärts schreitend ein Losgrößenplan ermittelt. Dabei bedient sich Eisenhut einer Bedarfsmatrix, welche nach jeder Iteration um die zuletzt betrachtete Periode reduziert wird. In jeder Periode wird zunächst mindestens der aktuelle Bedarf eingeplant. Sollte in einer Periode Kapazität übrig sein, wird überprüft, ob durch die Vorverlegung zukünftiger Bedarfe Kosten reduziert werden können. Um dies beurteilen zu können, wird für jedes

Produkt und für jede Periode die marginale Kostensenkung berechnet. Die Heuristik von Eisenhut besteht aus den folgenden Schritten:

Im **ersten Schritt** wird die Bedarfsmatrix aufgestellt, wobei die Spalten Perioden und die Zeilen Produkte repräsentieren. Sollten zu Beginn Lagerbestände vorhanden sein, werden die Bedarfe entsprechend angepasst.

Im **zweiten Schritt** wird für jedes Produkt und für jede Periode die marginale Kostensenkung berechnet, wenn zusätzlich zum Bedarf der aktuellen Periode eine Einheit des zukünftigen Bedarfs produziert wird. Die Kostensenkung bei Erweiterung des Loses von Produkt j in Periode $t = 1$ um eine Einheit des Bedarfs von Periode p wird in Eisenhut (1975) gemäß Gl. (3.5) ermittelt.[2]

$$\Delta_{jp} := \frac{sc_j - hc_j \cdot \sum_{t=1}^{p}(t-1) \cdot d_{jt}}{p^2 \cdot d_{jp}} \qquad \forall\ j, p \tag{3.5}$$

Anschließend ist im **dritten Schritt** die Losgröße von jedem Produkt j in Periode $t = 1$ zu ermitteln. Diese umfasst mindestens den Bedarf der aktuellen Periode $t = 1$. Sollte darüber hinaus in Periode $t = 1$ Restkapazität vorhanden sein, werden die Lose in Reihenfolge absteigender marginaler Kostensenkungen um zukünftige Bedarfe erweitert und die zukünftigen Bedarfe entsprechend verringert. Hierbei werden nur positive Kostenkoeffizienten berücksichtigt. Der dritte Schritt endet, sobald keine Kostensenkung mehr möglich ist oder die Restkapazität in Periode $t = 1$ aufgebraucht ist.

Im **vierten Schritt** wird die Bedarfsmatrix aktualisiert und um die soeben fertig geplante Periode reduziert. Konkret bedeutet dies, dass alle nachfolgenden Perioden um eine Spalte nach links verschoben werden und somit die zuvor zweite Periode nun in der ersten Spalte der Matrix zu finden ist und folglich nun der Periode $t = 1$ entspricht. Im Anschluss werden die Schritte zwei bis vier für die neue Planungsperiode wiederholt. Das Verfahren endet, sobald die Bedarfe aller Perioden eingeplant wurden.

Problematisch am Verfahren von Eisenhut ist, dass bei der Festlegung der Losgrößen von Periode t lediglich die knappen Kapazitäten der Periode t Beachtung finden. Es wird nicht überprüft, ob die bisher festgelegten Losgrößen zu Kapazitätsengpässen in späteren Perioden führen. Da darüber hinaus eine nachträgliche Anpassung einzelner Lose im Verfahren nicht möglich ist, können zukünftige Engpässe nicht mehr beseitigt werden. Aus diesem Grund kann die Heuristik von Eisenhut (1975) abbrechen, obwohl eine zulässige Lösung durchaus möglich wäre (vgl. Lambrecht und Vanderveken, 1979, S. 322).

[2] Van der Eecken et al. (1975) zeigen, dass das von Eisenhut (1975) verwendete Kostenkriterium (Gl. (3.5)) auf das Kriterium des Part-Period-Algorithmus zurückzuführen ist.

Lambrecht und Vanderveken (1979) versuchen in ihrer Heuristik diesen Mangel zu beheben. Dazu wird im Zuge des zweiten Schritts überprüft, ob die Kapazität der aktuellen Periode t ausreicht, um den Periodenbedarf vollständig zu decken. Falls eine Kapazitätslücke besteht, wird eine *Rückkopplungsprozedur* ausgelöst, in der die Losgrößen früherer Perioden solange verändert werden, bis der Engpass eliminiert ist.[3] Die Rückkopplungsprozedur umfasst insgesamt vier Schritte. Aus Gründen der Übersichtlichkeit wird im Folgenden die erste Iteration der Rückkopplungsprozedur exemplarisch anhand der Planungsperiode t erläutert:

Im **ersten Schritt** wird zunächst die Kapazitätslücke der aktuellen Periode t mittels Gl. (3.6)[4] berechnet.

$$Kl_t := \sum_{j=1}^{J} d_{jt} \cdot a_j - K_t \tag{3.6}$$

Anschließend wird unter allen Produkten, für die in Periode t–1 bereits ein Los aufgelegt wird, das Produkt j^* ausgewählt, welches die kleinste absolute Lagerkostenerhöhung gem. Gl. (3.7) verursacht. Dabei wird unterstellt, dass vom ausgewählten Produkt j^* lediglich die Menge Q_j^{max} (siehe Gl. (3.8)[5]) vorverlagert wird.

$$Hc_j := nP \cdot Q_j^{max} \cdot hc_j \tag{3.7}$$

$$Q_j^{max} := \min\left[\frac{Kl_t}{a_j}\ ,\ d_{jt}\right] \tag{3.8}$$

Da die Kapazität der begrenzende Faktor ist und deshalb die Auswahl des zu verschiebenden Loses unter Berücksichtigung des Produktionskoeffizienten erfolgen sollte, werden im Rahmen der Implementierung bei der Auswahl des zu verschiebenden Loses statt der absoluten Lagerkosten die Lagerkosten pro freiwerdender Kapazitätseinheit angesetzt. Diese ergeben sich laut Gl. (3.9), indem der Lagerkostensatz hc_j ins Verhältnis zum Produktionskoeffizienten a_j gesetzt wird und mit der Menge Q_j^{max} und der Lagerdauer nP (in der ersten Iteration gilt $nP = 1$) multipliziert wird.

$$Hc_j^{rel} := nP \cdot Q_j^{max} \cdot \frac{hc_j}{a_j} \tag{3.9}$$

---

[3] Zäpfel und Attmann (1979) entwickelten ebenfalls eine Heuristik, welche die bei Eisenhut festgestellten Mängel nicht aufweist.

[4] Gl. ist hinsichtlich a_j angepasst.

[5] Gl. ist hinsichtlich a_j angepasst.

Danach wird überprüft, ob in Periode t–1 überhaupt ein Kapazitätsrest vorhanden ist und falls ja, wie hoch dieser ist. Sollte in Periode t–1 Restkapazität vorhanden sein ($Kr_{t-1} > 0$), wird das Los von Produkt j^* in Periode t–1 um die Menge Q (siehe Gl. (3.10)[6]) erhöht.

$$Q := \min\left[\frac{Kr_{t-1}}{a_{j^*}}\ ,\ Q_{j^*}^{max}\right] \tag{3.10}$$

Sollte durch diese Verschiebung die Kapazitätslücke in der aktuellen Planungsperiode t bereits geschlossen sein, wird die Rückkopplungsprozedur beendet und die reguläre Heuristik fortgesetzt. Konnte die Kapazitätslücke nicht geschlossen werden, wird mit dem zweiten Schritt der Rückkopplungsprozedur fortgesetzt.

Im **zweiten Schritt** der Rückkopplungsprozedur wird überprüft, ob in Periode t–1 immer noch Restkapazität vorhanden ist. Wird die Restkapazität in Periode t–1 bereits vollständig aufgebraucht, wird der erste Schritt der Rückkopplungsprozedur für die nächst frühere Periode t–2 (d. h. zweite Iteration; $nP := 2$) wiederholt. Sollte in Periode t–1 noch Restkapazität vorhanden sein, können im dritten Schritt weitere Produkte nach Periode t–1 vorverlagert werden.

Im **dritten Schritt** der Rückkopplungsprozedur wird daher überprüft, ob noch weitere Produkte existieren, für die bereits in Periode t–1 ein Los aufgelegt wird. Ist dies der Fall, wird der erste Schritt der Rückkopplungsprozedur für Periode t–1 wiederholt.

Gibt es kein Produkt mit einer Losauflage in Periode t–1, wird im **vierten und letzten Schritt** der Rückkopplungsprozedur ein zusätzlicher Rüstvorgang in Periode t–1 notwendig. Dazu werden für jedes Produkt die exakten zusätzlichen Kosten berechnet, die durch eine Vorverlagerung entstehen.

Bei der Kostenermittlung werden verschiedene Fälle unterschieden, so dass neben dem Lager- und Rüstkostensatz auch der Bedarf in Periode t, die Kapazitätslücke in Periode t und der Kapazitätsrest in Periode t–1 berücksichtigt werden. Im Anschluss wird das Produkt mit den geringsten zusätzlichen Kosten ausgewählt und entsprechend vorverlagert.

Falls nach diesem Vorgang der Kapazitätsengpass in Periode t beseitigt ist, wird die Rückkopplungsprozedur beendet und die reguläre Heuristik fortgesetzt. Besteht auch weiterhin eine Kapazitätslücke in Periode t, wird entweder, falls $Kr_{t-1} > 0$, der vierte Schritt der Rückkopplungsprozedur wiederholt, oder, falls $Kr_{t-1} = 0$, der erste Schritt der Rückkopplungsprozedur für die nächst frühere Periode t–2 wiederholt.

---

[6] Gl. ist hinsichtlich a_j angepasst.

$$\Delta_{jp} := \frac{sc_j + hc_j \cdot \sum_{t=1}^{p-1}(t-1) \cdot d_{jt} - hc_j \cdot (p-1)^2 \cdot d_{jp}}{p \cdot (p-1) \cdot d_{jp}} \tag{3.11}$$

Ein weiterer wesentlicher Unterschied zur Heuristik von Eisenhut (1975) ist die Verwendung eines anderen Kostenkriteriums (siehe Gl. (3.11)), welches Lambrecht und Vanderveken (1979) vom Silver-Meal Kriterium ableiten (vgl. Lambrecht und Vanderveken, 1979, S. 323). Falls $\Delta_{jp} > 0$ ist, führt die Erweiterung des aktuellen Loses von Produkt j in Periode $t = 1$ um den Bedarf von Periode p zu einer Kostensenkung.

3.4.2 Dixon and Silver (1981)

Das heuristische Verfahren von Dixon und Silver (1981) zur Lösung des CLSP besteht aus insgesamt elf Schritten. Die Planung der Losgrößen erfolgt beim Verfahren in der Reihenfolge aufsteigender Perioden. Zur besseren Übersicht lassen sich die elf Schritte in drei wesentliche Schritte zusammenfassen, welche im Folgenden erläutert werden. Die Notation der verwendeten Daten ist in den Tabelle 3.4 und 3.1 zu finden.

Tabelle 3.4 Ergänzende Notation – Heuristik Dixon und Silver (1981)

Indizes:		
j	Produkt	
t, p, λ	Periode	
Parameter / Variablen:		
AP_t	Anteil der Produktionskapazität der aktuellen Planungsperiode, welcher zur Bedarfsdeckung in Periode t dient	[ZE]
tc	erste auf t folgende Periode, in der eine Kapazitätslücke auftritt	[ZE]
Kl_t	Kapazitätslücke in Periode t	[ZE]
Kr_t	Kapazitätsrest in Periode t	[ZE]
τ_j	Reichweite des letzten für Produkt j aufgelegten Loses	
η_j	nächste auf τ_j folgende Bedarfsperiode für Produkt j	
Ac_{j,τ_j}	durchschnittlichen Kosten pro Periode von Produkt j bei Fertigung der Nettobedarfe von t bis τ_j	[GE]
Δ_j	marginale Kostensenkung bei vollständiger Erweiterung von X_{jt} um d_{j,η_j}	[GE/ME]
Q_j	zu verschiebende Menge von Produkt j	[ME]

Für die Perioden $t = 1, ..., T$ sind die folgenden Schritte durchzuführen:

1. Schritt: Zuallererst wird für jedes Produkt der Nettobedarf eingeplant ($X_{jt} := d_{jt}$). Für alle Produkte, die eine Losgröße größer 0 in der aktuellen Periode t aufweisen, wird anschließend die Reichweite des letzten aufgelegten Loses τ_j auf die aktuelle Planungsperiode gesetzt. Im Anschluss kann mit η_j die nächste auf τ_j folgende Bedarfsperiode von Produkt j ermittelt werden. Des Weiteren ist die in Periode t verbleibende Restkapazität Kr_t mit Hilfe von Gl. (3.12) zu berechnen.

$$Kr_t := K_t - \sum_{j=1}^{J} X_{jt} \cdot a_j \tag{3.12}$$

2. Schritt: Falls in Periode t Kapazität übrig bleibt, ist es möglich, Produktionslose einzelner Produkte um Bedarfsmengen nachfolgender Perioden zu erhöhen. Eine Erhöhung der Produktionslose kann aus Sicht der Lösbarkeit erforderlich sein, falls in späteren Perioden Kapazitätslücken auftreten. Darüber hinaus kann eine Erweiterung der Lose aus Sicht der Lösungsgüte sinnvoll sein, da durch die Zusammenlegung von Losen zusätzliche Rüstkosten vermieden werden können.

Im zweiten Schritt wird zunächst überprüft, ob es aufgrund des bis dahin festgelegten Produktionsplans zu Unzulässigkeiten in späteren Perioden kommen wird. In Gl. (3.13) wird ermittelt, welcher Anteil der eingeplanten Produktionskapazität der aktuellen Periode in welcher zukünftigen Periode zur Bedarfsdeckung herangezogen wird. Demgegenüber wird in Gl. (3.14) die Kapazitätslücke für jede Periode $p > t$ berechnet, welche entsteht, wenn die Nachfrage periodengenau produziert werden würde. Um die Zulässigkeit in zukünftigen Perioden sicherzustellen, muss für jede Periode $p > t$ Gl. (3.15) erfüllt sein. Diese besagt, dass die kumulierte Produktionskapazität, welche zur Bedarfsdeckung in späteren Perioden verwendet wird, stets größer oder gleich der kumulierten Kapazitätslücke sein muss.

$$AP_p := \sum_{j}^{J} a_j \cdot (I_{j,p-1} - I_{jp}) \qquad \forall\ p = t+1, ...T \tag{3.13}$$

$$Kl_p := \sum_{j}^{J} a_j \cdot d_{jp} - K_p \qquad \forall\ p = t+1, ...T \tag{3.14}$$

$$\sum_{\lambda=t+1}^{p} AP_\lambda \geq \sum_{\lambda=t+1}^{p} Kl_\lambda \qquad \forall\ p = t+1, ...T \tag{3.15}$$

Falls Gl. (3.15) nicht für jede Periode $p > t$ erfüllt ist und folglich Unzulässigkeiten in zukünftigen Perioden auftreten, müssen die Produktionslose in Periode t unter Berücksichtigung der vorhandenen Restkapazität Kr_t erhöht werden.

Dazu wird die erste auf t folgende Periode identifiziert, für die Gl. (3.15) nicht erfüllt ist (tc). Anschließend werden alle Produkte j betrachtet, deren Reichweite des letzten aufgelegten Loses (τ_j) nicht bis zur Periode tc reicht (d. h. für die $\tau_j < tc$ gilt) und deren Nachfrage in der nächsten auf Periode τ_j folgenden Bedarfsperiode (η_j) vollständig unter Berücksichtigung der vorhandenen Restkapazität Kr_t in Periode t zusätzlich produziert werden könnte.

Unter diesen Produkten wird das Produkt ausgewählt, das die höchste marginale Kostensenkung bei Erhöhung des Loses um einen weiteren vollständigen Periodenbedarf aufweist (Δ_j). Folglich wird die Losgröße für dieses Produkt in Periode t um den Nettobedarf der Periode η_j erhöht.

Die Ermittlung der marginalen Kostensenkung bei Erweiterung der Reichweite des Loses X_{jt} über τ_j hinaus auf die nachfolgende Bedarfsperiode η_j ergibt sich wie folgt (Gl. (3.16)):

$$\Delta_j := \frac{Ac_{j,\tau_j} - Ac_{j,\eta_j}}{a_j \cdot d_{j,\eta_j}} \tag{3.16}$$

Die hierbei heranzuziehenden durchschnittlichen Kosten Ac_{j,τ_j} pro Periode bei Fertigung der Nettobedarfe von t bis τ_j sind gemäß Gl. (3.17) zu berechnen.

$$Ac_{j,\tau_j} := \frac{sc_j + hc_j \cdot \sum_{\lambda=t+1}^{\tau_j} (\lambda - t) \cdot d_{j\lambda}}{\tau_j - t + 1} \tag{3.17}$$

Der zweite Schritt wird solange wiederholt, bis entweder in Periode t keine ausreichende Restkapazität zur Herstellung eines vollständigen zukünftigen Periodenbedarfes zur Verfügung steht oder sich kein Produkt mit einer positiven marginalen Kostensenkung finden lässt.

Da sich die Lösungsgüte durch eine Erweiterung von Losen möglicherweise verbessern lässt, werden die marginalen Kostensenkungen Δ_j bei Erhöhung des Loses um einen weiteren vollständigen Periodenbedarf auch dann ermittelt, wenn keine Unzulässigkeiten in späteren Perioden auftreten.

3. Schritt: Falls nach dem zweiten Schritt weiterhin Unzulässigkeiten in späteren Perioden auftreten, müssen in Periode t Lose gebildet werden, die aus Sicht der Kosten unvorteilhaft sind. Konkret bedeutet dies, dass die Lose der Periode t statt um einen vollständigen zukünftigen Periodenbedarf auch um eine Teilmenge eines zukünftigen Periodenbedarfes erhöht werden können. Da durch die

Vorverlagerung einer Teilmenge kein Rüstvorgang eingespart wird, führt dies aufgrund der zusätzlich anfallenden Lagerkosten grundsätzlich zu einer Kostenerhöhung.

Um im dritten Schritt die noch vorhandenen Unzulässigkeiten zu eliminieren, wird daher das Produkt mit der kleinsten Kostenerhöhung pro freiwerdender Kapazitätseinheit in möglichst geringer Menge vorgezogen. Bezüglich des Kostenkriteriums wenden Dixon und Silver (1981) erneut Gl. (3.16) in Verbindung mit Gl. (3.17) an, wobei d_{jt} durch Q_j zu ersetzen ist. Die vorzuziehende Menge Q_j ergibt sich hierbei aus Gl. (3.18) und Gl. (3.19).

$$Q_j := \min \left[\frac{Kl^{max}}{a_j} \ , \ d_{j,\eta_j} \right] \tag{3.18}$$

$$mit \quad Kl^{max} := \max_{tc \leq \lambda \leq T} \left[\sum_{p=t+1}^{\lambda} Kl_p \right] \tag{3.19}$$

Der dritte Schritt wird solange wiederholt, bis alle Unzulässigkeiten beseitigt sind. Anschließend werden die drei Schritte für die nächste Planungsperiode durchgeführt. Das heuristische Eröffnungsverfahren endet, sobald alle Nettobedarfe eingeplant und alle Kapazitätslücken geschlossen sind.

Im Anschluss an das Eröffnungsverfahren schlagen Dixon und Silver (1981) diverse Verbesserungsverfahren vor. Eines dieser Verbesserungsverfahren stellt die Los-Eliminierungsprozedur dar. Hierbei wird in Periode 2 beginnend geprüft, ob durch die Zusammenlegung der aktuell eingeplanten Lose weitere Kostensenkungen realisiert werden können. Abgesehen von der Los-Eliminierungsprozedur werden im Rahmen von Kapitel 4 keine weiteren Verbesserungsverfahren implementiert.

3.4.3 Günther (1987)

Die Heuristik von Günther (1987) ähnelt stark dem Verfahren von Dixon und Silver (1981). Aus diesem Grund werden im Folgenden lediglich die wesentlichen Unterschiede erläutert. In der Heuristik von Günther (1987) wird im Gegensatz zu Dixon und Silver (1981) zu Beginn der Heuristik eine Lot-for-Lot-Politik für alle Perioden und Produkte realisiert (d. h. $X_{jt} := d_{jt} \ \forall j, t$).

Ausgehend von dieser in der Regel unzulässigen Lösung, wird, beginnend in der ersten Periode, zum einen nach Verbesserungsmöglichkeiten durch Zusammenlegen von bereits eingeplanten Losen gesucht und zum anderen überprüft, ob aufgrund der bisher festgelegten Lose Unzulässigkeiten in zukünftigen Perioden auftreten werden.

Ist dies der Fall, muss ein Teil des zukünftigen Bedarfs ausgewählter Produkte bereits in die aktuelle Periode vorverlagert werden. Analog zum Verfahren von Dixon und Silver (1981) wird daher zunächst versucht, durch Losbündelungen, die aus Kostensicht ohnehin vorteilhaft wären, die Unzulässigkeiten zu beseitigen. Die marginale Kostensenkung bei vollständiger Erweiterung von X_{jt} um d_{j,η_j} wird in der Heuristik von Günther (1987) wie folgt ermittelt:

$$\Delta_j := \left[\frac{2 \cdot sc_j}{hc_j} - d_{j,\eta_j} \cdot \tau_j \cdot (\eta_j - t + 1)\right] / (a_j \cdot d_{j,\eta_j}) \tag{3.20}$$

Das Kostenkriterium (Gl. (3.20)) basiert auf dem Kriterium der Heuristik von Groff (1979) und beschreibt im Gegensatz zu Dixon und Silver (1981) lediglich näherungsweise die Senkung der durchschnittlichen Periodenkosten pro Einheit der durch d_{j,η_j} benötigten Kapazität.

Können durch die aus Kostensicht vorteilhaften Losbündelungen nicht alle Unzulässigkeiten beseitigt werden, sind analog zum Vorgehen von Dixon und Silver (1981) die bereits eingeplanten Lose auch um Teilmengen des zukünftigen Bedarfs zu erweitern bzw. Losbündelungen durchzuführen, die aus Kostensicht unvorteilhaft sind. Sollte für das Produkt j in Periode t bisher kein Los eingeplant sein ($X_{jt} = 0$), fallen zusätzliche Rüstkosten an. Aus diesem Grund ist in der Heuristik von Günther (1987) die Kostenerhöhung pro freiwerdender Kapazitätseinheit ψ_j wie folgt zu ermitteln (Gl. (3.21)):

$$\psi_j := \frac{(\eta_j - t) \cdot Q_j \cdot hc_j + sc_j \cdot (1 - \delta_{jt})}{Q_j \cdot a_j} \quad mit \quad \delta_{jt} = \begin{cases} 1 & wenn \quad X_{jt} > 0, \\ 0 & sonst. \end{cases} \tag{3.21}$$

In Gl. (3.21) nimmt δ_{jt} den Wert 1 an, wenn $X_{jt} > 0$ ist, wodurch keine Rüstkosten im Kostenkriterium berücksichtigt werden. Die vorzuziehende Menge Q_j ist bei der Heuristik von Günther (1987) ebenfalls gem. Gl. (3.18) in Verbindung mit Gl. (3.19) zu berechnen.

3.4.4 Dogramaci, Paayiotopoulos and Adam (1981)

Beim Vier-Schritte-Algorithmus von Dogramaci et al. (1981) handelt es sich um eine Heuristik, die sich von den zuvor erläuterten vorwärtsterminierten Verfahren deutlich unterscheidet. Statt einer periodenweisen Einplanung von Produktionsmengen werden zu Beginn der Heuristik alle Produktionsmengen ohne Rücksicht auf mögliche Kapazitätsverletzungen auf die Höhe der jeweiligen Nachfrage gesetzt (d. h.

$X_{jt} := d_{jt}\ \forall j, t$). Anschließend wird durch »Linksverschieben« der Lose versucht, Lose zu bündeln, um Kosten zu reduzieren. Hierbei wird bevorzugt nach den Losen gesucht, die die höchste Kosteneinsparung bewirken. Danach werden Lose erneut nach links verschoben, um Kapazitätsverletzungen zu beseitigen und eine gültige Lösung zu erreichen. Im Anschluss kann erneut nach links verschoben werden, um die Kosten weiter zu reduzieren. Dies erfolgt unter der Bedingung, dass die erzielte Lösung ebenfalls gültig ist. Zu guter Letzt wird eine Feinabstimmung durchgeführt, bei der Möglichkeiten der Rechtsverschiebung von Losen im Hinblick auf weitere Kostensenkungen untersucht werden.

Ein großer Unterschied zu den bisher vorgestellten Verfahren ist u. a. darin zu sehen, dass bei der Auswahl des zu verschiebenden Loses alle Lose aus allen Perioden simultan betrachtet werden.

Die zur Erläuterung des Verfahrens verwendete Notation kann den Tabellen 3.5 und 3.1 entnommen werden. Da Dogramaci et al. (1981) in ihrer Heuristik keinen Produktionskoeffizienten berücksichtigen, werden an einzelnen Stellen der Heuristik Anpassungen vorgenommen, damit die Heuristik auch auf das CLSP aus Abschnitt 3.3 angewendet werden kann.

Tabelle 3.5 Ergänzende Notation – Vier-Schritte-Algorithmus Dogramaci et al. (1981)

Indizes:		
j	Produkt	
t, p, q, λ	Periode	
Parameter / Variablen:		
Kl_t	Kapazitätslücke in Periode t	[ZE]
Hc_{jpq}	Lagerkosten von Produkt j, wenn Produktionslos von Periode q nach Periode p verschoben wird ($p < q$)	[GE]
hc_{jpt}	Lagerkosten pro Mengeneinheit von Produkt j im Falle einer Rechtsverschiebung von Periode p nach Periode t ($p < t$)	[GE/ME]
hc_{jpt}^{rel}	Lagerkosten pro freiwerdender Kapazitätseinheit von Produkt j im Falle einer Rechtsverschiebung von Periode p nach Periode t ($p < t$)	[GE/ZE]
Δ_{jpt}	Kostensenkung, falls Menge Q von Produkt j von Periode p nach Periode t verschoben wird ($p < t$)	[GE]
Q	zu verschiebende Menge	[ME]

Der Vier-Schritte-Algorithmus besteht aus drei verschiedenen Teilalgorithmen, welche in der folgenden Reihenfolge ausgeführt werden: 1–2–1–3.

1. Teilalgorithmus: Reduziert die Anzahl der Rüstvorgänge und damit die Rüstkosten. Als erstes wird die Kapazitätslücke Kl_t für jede Periode t gem. Gl. (3.22)[7] ermittelt.

$$Kl_t := \sum_{j=1}^{J} X_{jt} \cdot a_j - K_t \qquad \forall\ t \tag{3.22}$$

Anschließend wird unter den Losen eines Produkts j, die ohne eine erneute Verletzung der Zulässigkeit nach links verschoben werden könnten, das Los ermittelt, welches die niedrigsten Lagerkosten durch eine Vorverlagerung verursachen würde. Die durch eine Losverschiebung von Produkt j von Periode q zu Periode p resultierenden Lagerkosten sind mittels Gl. (3.23) zu berechnen.

$$Hc_{jpq} := (q - p) \cdot hc_j \cdot X_{jq} \qquad \forall\ j, p, q : \{p < q\} \tag{3.23}$$

Wichtig ist, dass bei der Auswahl des zu verschiebenden Loses folgende Bedingungen eingehalten werden. Eine Linksverschiebung eines Loses von Produkt j von Periode q zu Periode p kann aus Kostensicht nur dann sinnvoll sein, wenn Produkt j in Periode p bereits produziert wird, d. h. $X_{jp} > 0$ ist, und folglich keine zusätzlichen Rüstkosten anfallen würden.

Des Weiteren muss sichergestellt sein, dass aufgrund der Losbündelung keine positive Kapazitätslücke in der Periode p resultiert (siehe Gl. (3.24)[8]) und darüber hinaus keine Unzulässigkeiten in den nach Periode p folgenden Perioden entstehen (siehe Gl. (3.25)[9]). Eine Unzulässigkeit kann bspw. auftreten, wenn Periode $p + 1$ eine positive Kapazitätslücke aufweist und diese nicht mehr eliminiert werden kann, weil alle Perioden $< p + 1$ nach der Losbündelung über keine ausreichende Restkapazität verfügen würden.

$$Kl_p + X_{jq} \cdot a_j \leq 0 \tag{3.24}$$

$$g \cdot X_{j,q} \cdot a_j + \sum_{\lambda=1}^{t} Kl_\lambda \leq 0 \qquad \forall\ t = 1, \ldots, q-1 \qquad mit\ g = \begin{cases} 1 & wenn \quad t \geq p, \\ 0 & sonst. \end{cases} \tag{3.25}$$

[7] Gl. ist hinsichtlich a_j angepasst.

[8] Gl. ist hinsichtlich a_j angepasst.

[9] Gl. ist hinsichtlich a_j angepasst.

Es kann festgehalten werden, dass zum jetzigen Zeitpunkt des Verfahrens für jedes Produkt j im besten Fall ein Los identifiziert wurde, welches die zuvor angesprochenen Bedingungen erfüllt und im Vergleich zu den restlichen Losen des Produkts j die geringsten Lagerkosten im Falle einer Verschiebung verursachen würde.

Im nächsten Schritt muss für jedes verbleibende Los überprüft werden, ob die Verschiebung überhaupt zu einer Kosteneinsparung führen würde. Aus diesem Grund ist für jedes Los die Differenz aus Rüstkostensatz sc_j und den resultierenden Lagerkosten im Falle der Losverschiebung Hc_{jpq} zu ermitteln. Abschließend wird das Los mit der höchsten Kosteneinsparung von Periode q zu Periode p verschoben.

Der Teilalgorithmus 1 wird solange ausgeführt, bis kein Los mehr identifiziert wird, das sowohl die zuvor angesprochenen Bedingungen (Gl. (3.24) und (3.25)) erfüllt als auch eine positive Kosteneinsparung aufweist.

2. Teilalgorithmus: Repariert den Produktionsplan hinsichtlich vorhandener Kapazitätsverletzungen. Der zweite Teilalgorithmus startet in der letzten Periode ($t = T$) und prüft zunächst, ob die vorhandene Kapazität überschritten ist. Sollte in der Periode t ausreichend Kapazität vorhanden sein, um die eingeplanten Produktionslose produzieren zu können, d. h. $Kl_t \leq 0$, setzt der Algorithmus die Kapazitätsprüfung in der nächst früheren Periode (t–1) fort.

Weist die betrachtete Periode t allerdings eine positive Kapazitätslücke auf, müssen ganze Lose oder Teilmengen in frühere Perioden verschoben werden (Linksverschiebung). Zur Auswahl des zu verschiebenden Loses ziehen Dogramaci et al. (1981) den Lagerkostensatz multipliziert mit der Lagerdauer heran. Aus diesem Grund sind für jedes Produkt j und für jede Periode $p < t$ zunächst die resultierenden Lagerkosten pro Mengeneinheit des Produkts j im Falle der Verschiebung von Periode t nach Periode p gem. Gl. (3.26) zu ermitteln. Dabei muss sichergestellt sein, dass in Periode p Kapazität vorhanden ist, d. h. eine negative Kapazitätslücke besteht ($Kl_t < 0$). Außerdem kommen zunächst nur Losverschiebungen in Betracht, wenn in der Zielperiode p bereits ein Los des Produkts j aufgelegt wird (d. h. $X_{jp} > 0$).

$$hc_{jpt} := (t - p) \cdot hc_j \qquad \forall\ j, p < t \tag{3.26}$$

Wie bereits zu Beginn erwähnt, berücksichtigen Dogramaci et al. (1981) in ihrer Heuristik keinen Produktionskoeffizienten. Da dieser bei der Lösung des CLSP beachtet werden sollte, scheint es an dieser Stelle sinnvoll zu sein, statt der Lagerkosten pro Mengeneinheit die Lagerkosten pro freiwerdender Kapazitätseinheit zu ermitteln. Aus diesem Grund wird im Rahmen der Implementierung Gl. (3.26) zu Gl. (3.27) erweitert.

$$hc_{jpt}^{rel} := (t - p) \cdot \frac{hc_j}{a_j} \qquad \forall\ j, p < t \tag{3.27}$$

Im nächsten Schritt wird unter den Losen, die nach links verschoben werden können, das Los mit den niedrigsten Kosten gem. Gl. (3.27) ausgewählt und in die Periode p verschoben. Die zu verschiebende Menge Q wird für die ausgewählte Produkt- und Periodenkombination (j, p, t) gem. Gl. (3.28)[10] berechnet.

$$Q := \begin{cases} \min\left[\frac{-Kl_p}{a_j}\ ,\ X_{jt}\right] & wenn \quad Kl_t > -Kl_p\,, \\ \min\left[\frac{Kl_t}{a_j}\ ,\ X_{jt}\right] & sonst. \end{cases} \tag{3.28}$$

Soll bspw. die Losgröße bzw. ein Teil der Losgröße von Produkt j in Periode t nach Periode p verschoben werden, sind zwei Fälle bei der Ermittlung der zu verschiebenden Menge Q zu unterscheiden. Falls die Kapazitätslücke in Periode t größer als die Restkapazität in Periode p ist (eine negative Kapazitätslücke entspricht einer Restkapazität), ergibt sich die zu verschiebende Menge Q aus dem niedrigeren Wert aus der eingeplanten Losgröße von Produkt j in Periode t und der Restkapazität in Periode p geteilt durch den Produktionskoeffizienten von Produkt j. Sollte jedoch die Kapazitätslücke in Periode t kleiner oder gleich der Restkapazität in Periode p sein, ist die zu verschiebende Menge Q der niedrigere Wert aus der eingeplanten Losgröße von Produkt j in Periode t und der Kapazitätslücke in Periode t geteilt durch den Produktionskoeffizienten von Produkt j.

Anschließend beginnt der Algorithmus erneut mit der Kapazitätsprüfung und ermittelt gegebenenfalls weitere notwendige Losverschiebungen. Sollte keine realisierbare Losverschiebung identifiziert werden, wird die Bedingung $X_{jp} > 0$ relaxiert, so dass auch Losverschiebungen nach Perioden möglich sind, in denen das Produkt j bisher nicht aufgelegt wird.

Der Teilalgorithmus 2 endet, sobald alle Perioden hinsichtlich Kapazitätsverletzungen geprüft und alle bestehenden Kapazitätslücken eliminiert wurden.

3. Teilalgorithmus: Verbessert den Produktionsplan hinsichtlich der resultierenden Kosten. Der dritte Teilalgorithmus beginnt ebenfalls in der letzten Periode $(t = T)$ und prüft, ob eine Restkapazität vorhanden ist, d. h. ob $Kl_t < 0$ ist. Sollte keine Restkapazität vorhanden sein, setzt der Algorithmus die Prüfung in der nächst früheren Periode (t–1) fort.

Identifiziert der Algorithmus in Periode t eine Restkapazität, ist es möglich, Produktionsmengen unter Beachtung der Periodennachfrage von früheren Perioden in

[10] Gl. ist hinsichtlich a_j angepasst.

die Periode t zu verschieben (Rechtsverschiebung). Die Auswahl des zu verschiebenden Loses erfolgt anhand der gemäß Gl. (3.29)[11] resultierenden Kostensenkung in Form von eingesparten Lagerkosten.

$$\Delta_{jpt} := Q \cdot hc_j \cdot (t - p) \qquad \forall \quad j, p = 1, \ldots t - 1 \tag{3.29}$$

Anschließend ist die Losverschiebung mit der höchsten Kostensenkung zu realisieren. Dabei kommen allerdings nur Lose in Betracht, welche die folgenden Bedingungen erfüllen.

Zum einen dürfen durch die Losverschiebung keine zusätzlichen Rüstkosten resultieren, d. h. es gilt $X_{jt} > 0$. Zum anderen muss sichergestellt sein, dass die bisher eingeplante Produktionsmenge von Produkt j in Periode p größer ist als die von Periode p bis zur Periode t–1 kumulierte Nachfrage von Produkt j (siehe Gl. (3.30)).

$$X_{jp} > \sum_{\lambda=p}^{t-1} d_{j\lambda} \qquad \forall \quad j, p = 1, \ldots t - 1 \tag{3.30}$$

Nur wenn Gl. (3.30) erfüllt ist, sind überschüssige Produktionsmengen in früheren Perioden vorhanden, welche sich ohne Verletzung des Bedarfs der Zwischenperioden verschieben lassen. Die verschiebbare Menge Q ist für die ausgewählte Produkt- und Periodenkombination (j, p, t) gem. Gl. (3.31)[12] zu ermitteln.

$$Q := \min \left[X_{jp} - \sum_{\lambda=p}^{t-1} d_{j\lambda} \ , \ -\frac{Kl_t}{a_j} \right] \tag{3.31}$$

Anschließend beginnt der Teilalgorithmus von vorne und prüft erneut, ob in Periode t eine Restkapazität vorhanden ist und führt gegebenenfalls weitere Losverschiebungen durch. Als weiteren Schritt schlagen Dogramaci et al. (1981) die Anwendung einer Methode von Lambrecht und Vanderveken (1979) vor, bei der nach Extrempunkten gesucht wird und die Lösung entsprechend angepasst wird, sofern diese keinem lokalen Optimum entspricht. Im Rahmen der numerischen Studie wird dieser Schritt allerdings nicht implementiert.

Der Teilalgorithmus 3 endet, sobald alle Perioden hinsichtlich einer vorhandenen Restkapazität und damit verbundenen »kostensenkenden« Losverschiebungen überprüft wurden.

---

[11] Gl. ist hinsichtlich a_j angepasst.

[12] Gl. ist hinsichtlich a_j angepasst.

3.5 KNNs in der Losgrößenplanung

In der Literatur sind einige Arbeiten zu Losgrößenproblemen zu finden, bei denen künstliche neuronale Netze im Rahmen der Lösungsfindung eingesetzt werden.

Zwietering et al. (1991) untersuchen die Anwendbarkeit eines KNN zur Lösung eines dynamischen unkapazitierten Einprodukt-Losgrößenproblems mit rollierendem Planungshorizont. In der Arbeit von Aarts et al. (2000) wird ein Dekompositionsansatz für ein dynamisches real-time Einprodukt-Losgrößenproblem mit Überstunden vorgestellt. Die Autoren verwenden ein KNN, um innerhalb eines erstellten Plans Regenerationspunkte zu prognostizieren. Da der Plan zwischen zwei Regenerationspunkten unabhängig vom Rest des Plans ist, kann anschließend eine Neuplanung unter Berücksichtigung aktueller Gegebenheiten erfolgen.

Gaafar und Choueiki (2000) erstellen für zwei unterschiedliche lange Planungshorizonte eines dynamischen Einprodukt-Losgrößenproblems zwei verschiedene Netze. In der Inputschicht fließen in die ersten beiden Knoten die Fixkosten sowie der Lagerkostensatz ein. Die restlichen Inputknoten enthalten die Nachfragedaten. Die Anzahl an Outputknoten entspricht der Länge des Planungshorizonts. Jeder Knoten nimmt entweder den Wert 0 oder 1 an, wodurch sich ein Rüst- bzw. Bestellmuster ergibt.

Demgegnüber erzeugen Radzi et al. (2006) für drei Lösungsheuristiken des dynamischen Einprodukt-Losgrößenproblems jeweils ein KNN. Die Struktur der Netze gleicht der von Gaafar und Choueiki (2000). Allerdings verfolgen die Netze das Ziel, die Funktionsweise der Heuristiken zu imitieren. Weiter schlagen Megala und Jawahar (2006) einen genetischen Algorithmus und ein neuronales Hopfield-Netzwerk vor, um ein dynamisches Einprodukt-Losgrößenproblem mit einer Kapazitätsbeschränkung und einer Rabattpreisstruktur zu lösen.

Wong et al. (2012) präsentieren für ein stochastisches dynamisches Einprodukt-Losgrößenproblem einen zweistufigen Ansatz, welcher auf einem KNN und einen angepassten Ant Colony Algorithmus basiert. Das KNN wird verwendet, um die Beziehung zwischen zwei Entscheidungsvariablen und den zu erwartenden Gesamtkosten zu erlernen. Auch Senyiğit et al. (2013) widmen sich einem stochastischen dynamischen Einprodukt-Losgrößenproblem und vergleichen vier neuronale Netze, welche mit unterschiedlichen heuristischen Lernansätzen trainiert und zur Prognose der Gesamtkosten der gewählten Bestellpolitik eingesetzt werden.

In der Arbeit von Senyiğit und Atici (2013) werden u. a. 40 verschiedene Konfigurationen eines KNN zur Lösung eines dynamischen Einprodukt-Losgrößenproblems ohne Kapazitätsbeschränkung untersucht. Dabei werden 8 verschiedene Aktivierungsfunktionen mit 5 verschiedenen Lernregeln kombiniert. Die Netze umfassen 15 Inputknoten, eine versteckte Schicht mit 30 Knoten und 12 Outputknoten. Die

Inputknoten erhalten als Eingabe die Nachfrage von 12 Perioden, den Lagerhaltungskostensatz, den Bestell- bzw. Rüstkostensatz und den variablen Kostensatz des betrachteten Produkts. Jeder Outputknoten gibt die Wahrscheinlichkeit an, dass eine Bestellung ausgelöst werden soll.

Lee et al. (2001) widmen sich in ihrer Arbeit einem Losgrößen- und Reihenfolgeproblem mit mehreren Maschinen. Es werden zwei getrennte KNNs entwickelt. Das erste KNN wird so konstruiert, dass aus der neuronalen Gewichtsmatrix des KNN die Reihenfolge der Lose abgeleitet werden kann. Demgegenüber ermittelt das zweite KNN einen Losgrößenparameter (zwischen 0 und 1), anhand dessen im nächsten Schritt die Losgröße berechnet werden kann.

Rohde (2004) zerlegt die Gesamtplanungsaufgabe der simultanen Losgrößen- und Reihenfolgeplanung über den Gesamtplanungszeitraum in zwei Ebenen. Mit Hilfe eines KNN werden Losgrößenbestände und Rüstzeiten auf der unteren kurzfristigen Planungsebene antizipiert, um diese auf der oberen Planungsebene im Rahmen der Hauptproduktionsprogrammplanung als Reaktion einfließen zu lassen.

Es kann festgehalten werden, dass bisher kein KNN zur Lösung eines ASP für Losgrößenprobleme, insbesondere für das CLSP, eingesetzt wurde.

3.6 KNNs zur Lösung des Algorithm Selection Problems

In den letzten Jahren sind einige Publikationen erschienen, welche sich mit der Integration von ML-Verfahren in Metaheuristiken zur Lösung von NP-schweren Optimierungsproblemen beschäftigen. Die Integration von ML-Verfahren in Metaheuristiken kann verschiedenen Zwecken dienen. Als Beispiele können die Approximation einer rechenintensiven Fitnessfunktion (siehe z. B. Lucas et al., 2020), die Identifizierung guter Anfangslösungen (siehe z. B. Bengio et al., 2020), die Steuerung des gesamten Suchprozesses (siehe z. B. Arnold und Sörensen, 2019) oder das Festlegen sinnvoller Parameter in Abhängigkeit der verwendeten Metaheuristik (siehe z. B. Zennaki und Ech-Cherif, 2010) genannt werden. Dabei wird stets das Ziel verfolgt, die Metaheuristiken hinsichtlich ihrer Lösungsgüte, Konvergenzrate und Robustheit zu verbessern. Ein aktueller Literaturüberblick ist in Karimi-Mamaghan et al. (2022) zu finden.

Ein weiterer Zweck der Integration von ML-Verfahren stellt die automatische Auswahl eines am besten geeigneten Algorithmus zur Lösung einer Probleminstanz eines Optimierungsproblems dar. Diese Problemstellung wird in der Literatur u. a. als Algorithm Selection Problem bezeichnet. Im folgenden werden Publikationen zum ASP vorgestellt, deren Lösungsansatz auf einem KNN basiert.

Smith-Miles (2008) stellt für das *Quadratic Assignment Problem* (QAP)[13] ein ASP auf. Als zur Verfügung stehende Metaheuristiken werden Iterated Local Search, Robust Tabu Search und ein Ant Colony Ansatz verwendet. Als Bewertungsmetrik wird die prozentuale Abweichung zum bisher besten bekannten Zielfunktionswert herangezogen. Der Datensatz umfasst 28 Probleminstanzen, welche anhand der von Stützle (2006) vorgeschlagenen Merkmale beschrieben werden.

Hierbei ist festzuhalten, dass lediglich vier der neun Merkmale direkt aus den Probleminstanzen berechnet werden können. Die restlichen fünf Merkmale lassen sich hingegen nur mit Hilfe anderer Verfahren ermitteln. Smith-Miles (2008) entwickelt insgesamt drei KNNs. Zwei der drei Netze verfolgen das Ziel, die Leistung der jeweiligen Metaheuristik im Sinne der prozentualen Abweichung zum besten bekannten Zielfunktionswert möglichst gut zu prognostizieren. Das dritte Netz löst hingegen eine Klassifizierungsaufgabe mit dem Ziel, die beste Metaheuristik in Abhängigkeit der Probleminstanz zu ermitteln.

In der Arbeit von Smith-Miles et al. (2010) wird ein ASP für das *Travelling Salesman Problem* (TSP)[14] formuliert. Zur Beschreibung der Probleminstanzen werden 12 Merkmale aus den zweidimensionalen Standortinformationen der Städte abgeleitet. Die Autoren entwickeln zwei KNNs. Das erste KNN prognostiziert den Suchaufwand, den jeder der zwei verfügbaren Algorithmen benötigt, um die beste Lösung zu finden. Anschließend kann jede Instanz dem effizientesten Algorithmus zugewiesen werden. Das zweite KNN ordnet jedem Algorithmus die Wahrscheinlichkeit zu, dass dieser die beste Lösung für die betrachtete Probleminstanz mit dem geringsten Suchaufwand findet. Hierbei wird eine Korrektklassifizierungsrate von 96.8 % erreicht.

Demgegenüber wird von Kanda et al. (2011) das Ziel verfolgt, eine Rangfolge der Leistung von vier Metaheuristiken in Abhängigkeit der TSP-Probleminstanz zu prognostizieren. Die Autoren schlagen drei verschiedene KNNs vor. Das erste KNN prognostiziert für jede Metaheuristik die Leistung in Form eines relativen Wertes. Auf Basis dieser Werte kann im Anschluss eine Rangfolge abgeleitet werden. Demgegenüber gibt das zweite Netz mit Hilfe von vier Outputknoten direkt die Rangfolge aus. Der dritte Ansatz umfasst vier KNNs, eines für jede Metaheuristik. Jedes KNN enthält einen Outputknoten, welcher die Rang-Position der jeweiligen Metaheuristik ausgibt. Der verwendete Datensatz umfasst 2.000 Probleminstanzen. Die TSP-Probleminstanzen werden anhand von 14 Merkmalen beschrieben.

---

[13] Das QAP wurde von Koopmans und Beckmann (1957) eingeführt und stellt einen Spezialfall eines Zuordnungsproblems mit quadratischer Zielfunktion dar.

[14] Beim TSP wird nach der kürzesten Rundreise gesucht, die ausgehend von einem Startknoten alle Knotenpunkte in einem gewichteten Graphen nur einmal durchläuft und anschließend zum Startknoten zurückkehrt (vgl. Miller et al., 1960).

In der Arbeit von Kanda et al. (2012) greifen die Autoren den Ansatz der Ermittlung einer Rangfolge der Lösungsalgorithmen für das TSP erneut auf. Es werden zwei KNNs entwickelt. Das erste KNN prognostiziert die Rangfolgeposition mit Hilfe von fünf Outputknoten, welche jeweils für eine von fünf verfügbaren Metaheuristiken stehen. Das zweite Netz führt hingegen eine Mehrfachklassifizierung der Metaheuristiken in Abhängigkeit der Probleminstanz durch. Hierbei besteht jedoch das Problem, dass im Falle einer mehrfachen Zuordnung nicht klar ist, welcher der vorgeschlagenen Algorithmen ausgeführt werden soll. Der verwendete Datensatz unterscheidet zwei verschiedene Szenarien und umfasst 1.000 bzw. 300 Instanzen. Es zeigt sich, dass das erste KNN im Vergleich zur Mehrfachklassifizierung eine bessere Leistung erzielt.

Kanda et al. (2016) vergleichen drei verschiedene ML-Verfahren zur Ermittlung einer Rangfolge von fünf Metaheuristiken zur Lösung einer TSP-Instanz. Neben dem in Kanda et al. (2012) vorgestellten KNN wird eine k-Nearest Neighbor Formulierung von Brazdil et al. (2009) und eine angepasste Version des predictive clustering tree von Vens et al. (2008) verwendet. Darüber hinaus schlagen die Autoren zu den in Kanda et al. (2011) genannten Merkmalen 30 weitere Merkmale vor, anhand derer eine TSP-Instanz beschrieben werden kann. Die Autoren stellen fest, dass für den betrachteten Datensatz alle drei ML-Verfahren gute Ergebnisse hinsichtlich der Ermittlung der besten Rangfolge erzielen und dass die Auswahl bzw. Ableitung geeigneter Merkmale einen großen Einfluss auf die Leistung der Machine Learning Ansätze hat.

In der Arbeit von Miranda et al. (2018) wird ein ASP für das *MaxSAT-Problem*[15] als Klassifizierungsaufgabe modelliert. Zur Lösung des MaxSAT-Problems stehen drei Metaheuristiken zur Auswahl, welche mit jeweils vier unterschiedlichen Parametereinstellungen angewendet werden. Der Fokus der Arbeit liegt auf der Ableitung und Bewertung von geeigneten Merkmalen zur Beschreibung der Probleminstanzen. Hierzu bedienen sich die Autoren der Graphendarstellung des MaxSAT-Problems. Als Machine Learning Verfahren wenden die Autoren neben einem KNN auch eine Support-Vektor-Maschine, einen Entscheidungsbaum und den k-Nearest Neighbor Algorithmus an.

Auch Sadeg et al. (2021) stellen für das MaxSAT-Problem ein ASP auf. Zur Beschreibung der Probleminstanzen werden jedoch die in Nikolić et al. (2013) vorgeschlagenen Merkmale verwendet, da diese sehr schnell berechnet werden können. Die verwendete Datensammlung unterscheidet sich von der von Miranda et al.

---

[15] MaxSAT ist ein NP-schweres Optimierungsproblem, bei dem eine gegebene Menge an logischen Aussagen (Klauseln) mit einer begrenzten Anzahl von Variablen erfüllt werden kann. Das Ziel ist es, eine Zuordnung zu finden, welche die Anzahl der erfüllten Klauseln maximiert (vgl. Johnson, 1974).

(2018) und besteht aus 1.534 Instanzen. Als ML-Verfahren werden ein KNN, ein Random Forest und ein k-Nearest Neighbor Ansatz angewendet. Die Ergebnisse zeigen, dass alle drei Verfahren eine Korrektklassifizierungsrate von über 80 % erreichen.

Außer für das QAP, TSP und MaxSAT-Problem wird in der Literatur auch ein ASP für das *Vehicle Routing Problem mit Zeitfenstern* (VRPTW)[16] aufgestellt. Gutierrez-Rodríguez et al. (2019) stellen ein KNN vor, welches Probleminstanzen in Abhängigkeit ihrer Charakteristiken einer von vier möglichen Metaheuristiken zuordnet. Die Autoren entwickeln zwei verschiedene Merkmalssätze. Während der erste Merkmalssatz lediglich allgemeine Eigenschaften der jeweiligen Probleminstanz beschreibt, erfasst der zweite Merkmalssatz die durchschnittliche Anzahl der gefundenen gültigen Lösungen, welche mittels einfachen Perturbationsheuristiken für die betrachtete Probleminstanz gefunden werden können. Die Ergebnisse zeigen, dass durch die Verwendung des zweiten Merkmalssatzes einerseits die Leistung des KNN verbessert werden kann und andererseits die benötigte Rechenzeit deutlich ansteigt.

[16] Das VRPTW stellt ein Tourenplanungsproblem dar, bei dem unter Berücksichtigung des vorhandenen Fuhrparks und der vorgegebenen Lieferzeitfenster Fahrzeugtouren mit dem Ziel gebildet werden, dass die insgesamt zurückgelegte Strecke minimal ist (vgl. Solomon, 1987).

4 Ein maschineller Lernansatz zur Auswahl der besten Lösungsheuristik

Im folgenden Kapitel soll ein ML-Verfahren zur Prognose der besten Lösungsheuristik in Abhängigkeit der Charakteristiken einer Probleminstanz entwickelt werden. Der Aufbau des Kapitels orientiert sich an dem in Abschnitt 2.8.1 dargestellten Prozess. Zunächst wird in Abschnitt 4.1 eine umfangreiche und möglichst breite Datensammlung für ein Losgrößenproblem erzeugt. Anschließend werden die Instanzen der Datensammlung mit den in Abschnitt 3.4 vorgestellten Lösungsheuristiken gelöst und deren Ergebnisse in Abschnitt 4.2 analysiert. Abschnitt 4.3 widmet sich dem Feature Engineering. Hierbei werden einige Merkmale in Form von Key Performance Indikatoren (KPI) vorgestellt, anhand derer die Probleminstanzen beschrieben werden können. Bevor in Abschnitt 4.5 ein KNN zur Prognose der besten Lösungsheuristik entwickelt und trainiert wird, werden in Abschnitt 4.4 zunächst vier verschiedene Prognosemethoden vorgeschlagen, die für eine Leistungsbeurteilung des KNN als Vergleichsmaßstab herangezogen werden können. In Abschnitt 4.6 werden im Rahmen einer numerischen Studie sowohl die Leistung des KNN als auch der zuvor entwickelten Prognosemethoden ausführlich getestet und analysiert.

Ergänzende Information Die elektronische Version dieses Kapitels enthält Zusatzmaterial, auf das über folgenden Link zugegriffen werden kann https://doi.org/10.1007/978-3-658-49153-6_4.

J. Kärcher, *Untersuchung von Machine-Learning-Verfahren zur Lösung von Losgrößenproblemen*, Produktion und Logistik,
https://doi.org/10.1007/978-3-658-49153-6_4

4.1 Datenerzeugung

Damit die zu entwickelnde Prognosemethode nicht nur für eine bestimmte Art von Probleminstanz trainiert wird, sondern auf beliebige Szenarien angewendet werden kann, soll im folgenden Kapitel eine möglichst realistische und breite Datensammlung erzeugt werden. Dazu wird in Abschnitt 4.1.1 zunächst ein fiktives Unternehmen vorgestellt, das als Fallbeispiel für die numerische Studie dienen soll. Anschließend wird in Abschnitt 4.1.2 die Erstellung der Datensammlung J72T12G24 detailliert beschrieben, bevor im anschließenden Abschnitt 4.2 die Ergebnisse der Lösungsheuristiken vorgestellt und analysiert werden.

4.1.1 Fallstudie: Reifenhersteller

Es soll im Folgenden ein fiktives Unternehmen betrachtet werden, das Reifen herstellt. Die Reifenherstellung kann in verschiedene Produktionsschritte unterteilt werden.

Zunächst werden aus verschiedenen Rohmaterialien wie Stahl, Chemikalien, Naturkautschuk und Textilien (u. a. Nylon, Polyester und Aramidfasern) die einzelnen Bestandteile eines Reifens hergestellt. Als wesentliche Bestandteile sind Laufstreifen, Textilcord, Stahlkern, Seitenwände und die Innenschicht zu nennen. Im nächsten Schritt werden die einzelnen Bauteile mittels einer Reifenbaumaschine zu einem Reifenrohling zusammengesetzt. Hierbei wird auf einer sogenannten Bautrommel zunächst der Stahlkern mit der Innenschicht, dem Textilcord und den Seitenwänden zu einer Karkasse zusammengesetzt. Parallel dazu werden auf einer weiteren Bautrommel der Gürtel, die Bandagen und die Laufstreifen zu einem Gürtelpaket verbunden. Anschließend werden Karkasse und Gürtelpaket zusammengefügt. Im letzten Schritt, der Vulkanisation, wird der Reifenrohling mit Hilfe von Reifenheizpressen in elastisches Gummi umgewandelt. Hierbei erhält der Reifen zudem sein Profil und die Seitenwandmarkierungen (vgl. Continental o.D.).

Das fiktive Unternehmen besitzt eine Reifenbaumaschine, die verschiedene Reifentypen in unterschiedlicher Breite und Größe zusammensetzen kann. Sie stellt den Engpassfaktor im gesamten Produktionsprozess dar. Die restlichen Produktionsschritte sind als unkritisch anzusehen, so dass der gesamte Produktionsprozess als einstufiger Produktionsprozess modelliert werden kann.

Der Reifenhersteller produziert verschiedene Autoreifen, welche sich hinsichtlich der Gummimischung, des Durchmessers und der Breite des Reifens unterscheiden. Es wird angenommen, dass für den Wechsel des Reifendurchmessers u. a. ein Austausch der Bautrommeln erforderlich ist und daher je nach Durchmesser unterschiedlich hohe Rüstzeiten bzw. -kosten an der Reifenbaumaschine entstehen. Eine Änderung der Reifenbreite bei gleichbleibendem Reifendurchmesser verursacht hingegen nur niedrige Rüstkosten.

Da die Breite eines Autoreifens in der Regel durch den Reifendurchmesser beschränkt ist, wird darüber hinaus angenommen, dass die benötige Produktionszeit für einen Reifen sich vor allem in Abhängigkeit der verwendeten Gummimischung und des Reifendurchmessers unterscheidet. Die Reifenbreite hat hingegen nur einen kleinen Einfluss auf die Produktionszeit. Gleiches gilt für den Lagerkostensatz, da davon ausgegangen wird, dass der Wert eines Reifens sich hauptsächlich anhand der benötigten Produktionszeit und der verwendeten Gummimischung bemisst.

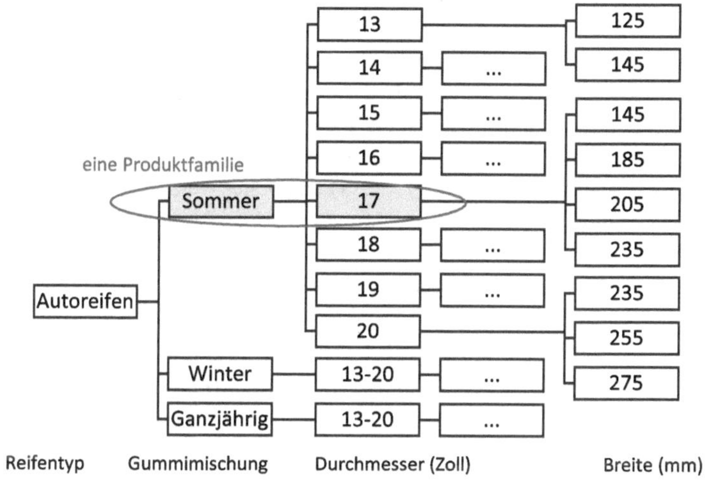

Abbildung 4.1 Beispielhafte Darstellung der Produktfamilien

In Abhängigkeit der Reifenmischung und des Reifendurchmessers lassen sich Produktfamilien ableiten. Jede Kombination aus Gummimischung und Reifendurchmesser stellt hierbei eine eigene Produktfamilie dar. Wie in Abbildung 4.1 beispielhaft dargestellt, unterscheiden sich die Reifen innerhalb einer Produktfamilie folglich lediglich hinsichtlich der Reifenbreite.

Basierend auf den getroffenen Annahmen kann festgehalten werden, dass sich die Produkte innerhalb einer Produktfamilie hinsichtlich des Produktionskoeffizienten, des Lagerkostensatzes und des Rüstkostensatzes nur leicht unterscheiden. Die Produktfamilien »Sommer/13 Zoll« und »Sommer/16 Zoll« weisen signifikante Unterschiede bezüglich des Produktionskoeffizienten, des Lagerkostensatzes und des Rüstkostensatzes auf. Demgegenüber weisen die Produktfamilien »Sommer/13 Zoll« und »Winter/13 Zoll« lediglich signifikante Unterschiede bezüglich dem Produktionskoeffizienten und dem Lagerkostensatz auf.

4.1.2 Datensammlung J72T12G24

Ein Ziel ist es, dass die zu entwickelnde Prognosemethode von möglichst vielen Reifenherstellern angewendet werden kann und somit eine hohe Verallgemeinerungsfähigkeit besitzt. Um dies zu erreichen, muss die Prognosemethode mit einer möglichst breiten und umfangreichen Datensammlung trainiert werden, welche einen Großteil aller Reifenhersteller repräsentiert.

Die Datensammlung trägt den Namen J72T12G24, da die in ihr enthaltenen Probleminstanzen jeweils $J = 72$ Produkte umfassen und einen Planungshorizont von $T = 12$ Perioden aufweisen. Es wird davon ausgegangen, dass die Reifenhersteller drei verschiedene Gummimischungen (Winter, Sommer, Ganzjährig) und je Gummimischung acht verschiedene Reifendurchmesser (z. B. 13–20 Zoll) anbieten, so dass $G = 24$ Produktfamilien ($g = 1, ..., G$) abgeleitet werden können, innerhalb derer sich die Produkte lediglich hinsichtlich der Reifenbreite unterscheiden (2–5 Reifenbreiten).

Während die Anzahl an Produktfamilien G für jede Probleminstanz identisch ist, variieren hingegen die angebotenen Reifenbreiten einer Produktfamilie von Probleminstanz zu Probleminstanz. Auf diese Weise weist jede Probleminstanz eine andere Zusammensetzung der Produktfamilien auf. Hierbei wird sichergestellt, dass eine Produktfamilie aus mindestens zwei Reifen besteht.

Da die Höhe des Rüstkostensatzes und des Lagerkostensatzes in Verbindung mit der jeweiligen Bedarfsmenge eines Produktes entscheidend dafür ist, ob eine Losbündelung aus Kostensicht sinnvoll ist, werden bezüglich des Rüst- und Lagerkostensatzes drei verschiedene Szenarien unterstellt (siehe Tabelle 4.1).

Tabelle 4.1 Szenarien bezüglich Verhältnis aus Rüst- und Lagerkosten

Szenario	Beschreibung	sc^{ratio}
SC1	relativ hohe Rüstkosten	2:1
SC2	Basisszenario	1:1
SC3	relativ niedrige Rüstkosten	1:10

Im Basisszenario (SC2) ist das Verhältnis ausgeglichen, so dass Losbündelungen in etwa der Hälfte aller Fälle sinnvoll sind. In Szenario SC1 sind hingegen die

Rüstkostensätze relativ hoch, weshalb durch Losbündelungen fast immer Kosten eingespart werden können. Im Gegensatz dazu sind die Rüstkostensätze in Szenario SC3 relativ niedrig, so dass sich eine Losbündelung aus Kostensicht nur in sehr wenigen Fällen lohnt. Das Verhältnis aus durchschnittlichen Rüstkosten und durchschnittlichen Lagerkosten im Falle einer Losverschiebung der Größe eines durchschnittlichen Periodenbedarfs um eine Periode (sc^{ratio}) kann für die jeweiligen Szenarien Tabelle 4.1 entnommen werden.

Die Charakteristiken der Probleminstanzen können entsprechend der im Modell verwendeten Parameter anhand von fünf Stellschrauben angepasst bzw. verändert werden.

- Produktionskoeffizient a_j
- Lagerkostensatz hc_j
- Rüstkostensatz sc_j
- Kapazität der Ressource K_t
- Nachfrageentwicklung d_{jt}

Tabelle 4.2 zeigt die Umsetzung der Wertzuweisung der einzelnen Modellparameter. Die exakten Werte zur Erzeugung der Modellparameter können dem Anhang A im elektronischen Zusatzmaterial entnommen werden.

Tabelle 4.2 Produkteigenschaften des Datensatzes J72T12G24

Modell-parameter	Wertzuweisung		mit ...	
Produktions-koeffizient	$a_j \sim \mathcal{N}(\mu_g, \sigma_g^2)$	$\forall\, j \in FP_g$	$\mu_g \sim \mathcal{G}(a + cv_g, b + cv_g)$ $\sigma_g^2 \sim \mathcal{G}(a, b)$	$\forall\, g$ $\forall\, g$
Lager-kostensatz	$hc_j \sim \mathcal{N}(\mu_g, \sigma_g^2)$	$\forall\, j \in FP_g$	$\mu_g \sim \mathcal{G}(a + cv_g, b + cv_g)$ $\sigma_g^2 \sim \mathcal{G}(a, b)$	$\forall\, g$ $\forall\, g$
Rüst-kostensatz	$sc_j \sim \mathcal{N}(\mu_g, \sigma_g^2)$	$\forall\, j \in FP_g$	$\mu_g = \bar{d}_g \cdot \bar{hc} \cdot sc^{ratio}$ $\sigma_g^2 \sim \mathcal{G}(a, b)$	$\forall\, g$ $\forall\, g$

Notation:

j = Index Produkte
FP_g = Menge der Produkte in Produktfamilie g
g = Index Produktfamilie
sc^{ratio} = Verhältnis Rüstkosten zu Lagerkosten
$\bar{hc}$ = Ø Lagerkostensatz
$\bar{d}_g$ = Ø Periodennachfrage von g
$\mathcal{N}$ = Normalverteilung
σ^2 = Varianz
$\mathcal{G}$ = Gleichverteilung
μ = Erwartungswert
a = Untergrenze
b = Obergrenze
cv_g = Wert in Abhängigkeit von g, um den das Intervall $[a, b]$ verschoben wird

Hinsichtlich der Parameter *Produktionskoeffizient* und *Lagerkostensatz* erscheint es sinnvoll, diese innerhalb einer Produktfamilie g gemäß einer Normalverteilung zufällig zu ziehen (negative Werte werden verworfen)[1]. Die Parameter der Normalverteilung werden für jede Produktfamilie g gleichverteilt in einem festgelegten Intervall zufällig gezogen. Hierbei ist zu erwähnen, dass das Intervall der Gleichverteilung zwischen den Gummimischungen um den Wert cv_g variiert, um auf diese Weise unterschiedlich hohe durchschnittliche Produktionskoeffizienten und Lagerkostensätze zwischen den Produktfamilien unterschiedlicher Gummimischungen zu realisieren. Der Koeffizient cv_g ist für jede Produktfamilie mit der gleichen Gummimischung identisch.

Der *Rüstkostensatz* wird ebenfalls gemäß einer Normalverteilung gezogen. Um die Szenarien bezüglich dem Verhältnis aus Rüst- und Lagerkosten (SC1–SC3) sicherzustellen, wird der Erwartungswert der Normalverteilung als Produkt aus der durchschnittlichen Nachfrage innerhalb einer Produktfamilie, dem durchschnittlichen Lagerkostensatz und dem Rüstkostenverhältnis (sc^{ratio}) ermittelt. Hierbei ist zu beachten, dass bei der Berechnung der durchschnittlichen Nachfrage der Durchschnitt auf Basis von Produktfamilien angesetzt wird, wohingegen bei der Berechnung des Lagerkostensatzes der Durchschnitt aller Produkte berücksichtigt. Auf diese Weise variiert der Rüstkostensatz nicht in Abhängigkeit der Gummimischung, wodurch die zuvor getroffenen Annahmen eingehalten werden.

Die *Kapazität* der Reifenbaumaschine wird für alle Probleminstanzen auf einen bestimmten Wert fixiert und verändert sich im Zeitverlauf nicht.

In Abbildung 4.2 werden die 72 Produkte einer exemplarischen Probleminstanz der Datensammlung J072-T12-G024 in Abhängigkeit ihres Lagerkostensatzes, Produktionskoeffizienten und Rüstkostensatzes gegenübergestellt. Im Einklang mit den zuvor getroffenen Annahmen lässt sich in der linken Grafik erkennen, dass die Produkte einer Produktfamilie (Marker und Farbe identisch) ähnliche Merkmalsausprägungen aufweisen. In der rechten Grafik sind alle Produkte mit der gleichen Gummimischung identisch eingefärbt. Es kann erkannt werden, dass das Niveau des Produktionskoeffizienten und des Lagerkostensatzes zwischen den unterschiedlichen Gummimischungen variiert, während das Niveau des Rüstkostensatzes über alle Gummimischungen unverändert bleibt.

[1] Da die Ziehung des Produktionskoeffizienten bzw. des Lagerkostensatzes gemäß einer Normalverteilung erfolgt, ist es möglich, dass ein negativer Wert erzeugt wird. Ist dies der Fall, wird die Ziehung solange wiederholt, bis sich ein positiver Wert ergibt. Gleiches gilt auch für den Rüstkostensatz.

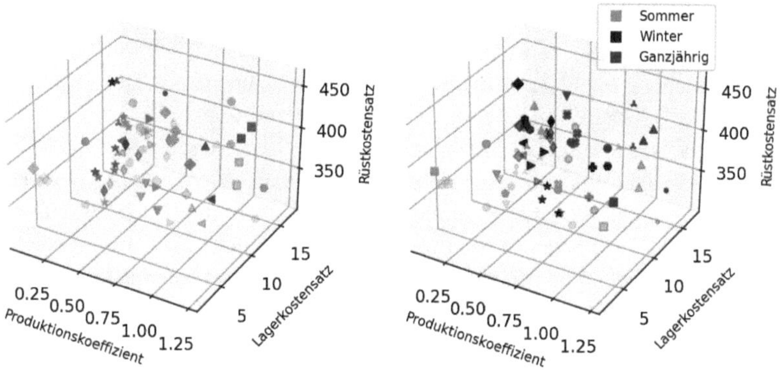

Abbildung 4.2 72 Produkte einer exemplarischen Probleminstanz und ihre Zuordnung zu Produktgruppen (gleiche Markierung und Farbe, linke Seite) und Gummimischung (rechte Seite)

Des Weiteren werden bezüglich der *Nachfrage* sechs verschiedene Nachfrageszenarien ($D1$, ..., $D6$) generiert, die zu sehr unterschiedlichen Charakteristiken der Probleminstanzen führen. Abbildung 4.3 zeigt Beispiele für diese Nachfrageszenarien für 10 ausgewählte Produkte.

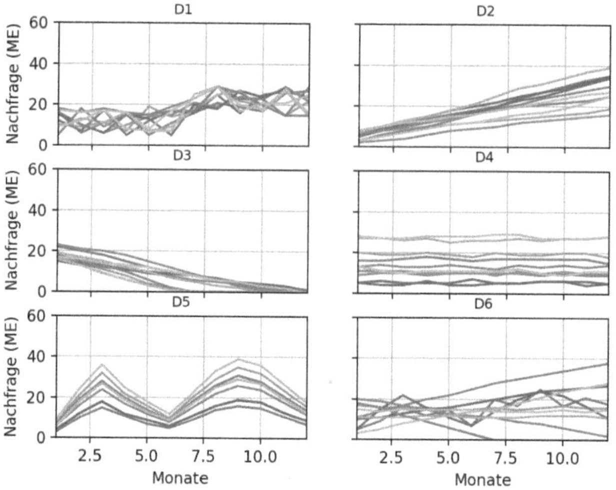

Abbildung 4.3 Beispielhafte Darstellung der Nachfrageszenarien (D1–D6) für 10 ausgewählte Produkte

Hierbei ist zu beachten, dass ein Szenario auf alle Produkte einer Probleminstanz angewendet wird. In Szenario D1 wird für alle Produkte eine schwankende Nachfrage mit einem sprunghaften Anstieg in Periode $t = 7$ unterstellt. Bei Anwendung von Szenario D2 weisen alle Produkte einer Probleminstanz eine im Zeitverlauf steigende Nachfrage auf. Demgegenüber wird in Szenario D3 für alle Produkte eine im Zeitverlauf sinkende Nachfrage angenommen. Hierbei kann es vorkommen, dass die Nachfrage eines Produkts im Verlauf des Betrachtungszeitraums auf den Wert 0 sinkt. Eine negative Nachfrage ist nicht möglich ($d_{jt} \geq 0$). Im Nachfrageszenario D5 ist der Nachfrageverlauf für alle Produkte annähernd konstant. Ein für Ganzjahres-Reifen typischer saisonaler Nachfrageverlauf ist in Szenario D5 zu finden. Darüber hinaus wird eine Kombination der unterschiedlichen Nachfrageverläufe in Szenario D6 realisiert.

Die Erstellung der verschiedenen Nachfrageszenarien ist in Tabelle 4.3 dargestellt, wobei die exakten Werte zur Erzeugung der Modellparameter dem Anhang A im elektronischen Zusatzmaterial entnommen werden können.

Tabelle 4.3 Nachfrageszenarien

Szenario	Beschreibung	Umsetzung	mit ...
D1	Nachfrage schwankt, Sprung in $t = 7$	$d_{jt} \sim \mathcal{G}(a, b)$ $d_{jt} \sim \mathcal{G}(a + x, b + x)$	$\forall\ j, t = 1, ..., 6$ $\forall\ j, t = 7, ..., T$ $x > 0$
D2	Nachfrage im Zeitverlauf steigend	$d_{j1} = S_j\ \forall\ j$ $d_{jt} = d_{jt-1} + E_j \cdot (1 + c_{jt})$ $\forall\ j, t = 2, ..., T$	$S_j \sim \mathcal{G}(a, b)\ \forall\ j$ $E_j \sim \mathcal{G}(a, b)\ \forall\ j$ $c_{jt} \sim \mathcal{G}(a, b)\ \forall\ j, t$
D3	Nachfrage im Zeitverlauf sinkend ($d_{jt} \geq 0$)	$d_{j1} = S_j\ \forall\ j$ $d_{jt} = d_{jt-1} - R_j \cdot (1 + c_{jt})$ $\forall\ j, t = 2, ..., T$	$S_j \sim \mathcal{G}(a, b)\ \forall\ j$ $R_j \sim \mathcal{G}(a, b)\ \forall\ j$ $c_{jt} \sim \mathcal{G}(a, b)\ \forall\ j, t$
D4	Nachfrage im Zeitverlauf annähernd konstant	$d_{jt} \sim \mathcal{N}(\mu_j, \sigma_j^2)\ \forall\ j, t$	$\mu_j \sim \mathcal{G}(a, b)\ \forall\ j$ $\sigma_j^2 \sim \mathcal{G}(a, b)\ \forall\ j$
D5	saisonale Nachfrage	$d_{jt} = w_j \cdot cs_t\ \forall\ j, t$	$w_j \sim \mathcal{G}(a, b)\ \forall\ j$
D6	Mix	zufälliges Ziehen D1–D5 (gleichverteilt)	

Notation:

$\mathcal{N}$ = Normalverteilung	μ = Erwartungswert	σ^2 = Varianz
$\mathcal{G}$ = Gleichverteilung	a = Untergrenze	b = Obergrenze
S = Startwert	E = absolute Erhöhung	c = Schwankungskoeff.
R = absolute Reduzierung	cs = Saisonkoeffizient	x = sprunghafter Anstieg

w = Wert, um den die Nachfrage schwankt

Die in der Datensammlung J72T12G24 enthaltenen Probleminstanzen weisen neben unterschiedlichen Nachfrageverläufen auch eine unterschiedliche durchschnittliche kumulierte Kapazitätsauslastung auf (U1, U2). Hierbei ist anzumerken, dass die Nachfrage in Auslastungsszenario U2 im Durchschnitt 20 % höher ist als in Auslastungsszenario U1.

Werden die Nachfrageszenarien mit den Auslastungsszenarien und den Rüstkostenszenarien kombiniert, lässt sich die Datensammlung J72T12G24 in 36 ($= 3 \cdot 6 \cdot 2$) verschiedene Kategorien unterteilen. Von jeder Kategorie werden jeweils 200 Probleminstanzen erzeugt, so dass die Datensammlung insgesamt 7.200 Probleminstanzen umfasst.

4.2 Ergebnisse der Lösungsheuristiken

Im Folgenden wird jede Probleminstanz der Datensammlung J72T12G24 mit den Heuristiken von Lambrecht und Vanderveken (1979), Dixon und Silver (1981), Günther (1987) und Dogramaci et al. (1981) gelöst. Anschließend kann für jede Probleminstanz die Lösungsheuristik mit der besten Lösungsgüte identifiziert werden.

Alle Tests werden mit einem Laptop durchgeführt, der die folgenden technischen Spezifikationen aufweist: Intel Core i5-8265U 1,6-GHz-CPU, 16 GB RAM, Win 10 Pro 64-Bit. Die Lösungsheuristiken werden mit Python 3.7 implementiert. Darüber hinaus wird der Gurobi Optimizer 9.0.2 verwendet, um das CLSP optimal zu lösen.

In Tabelle 4.4 werden die Ergebnisse der Heuristiken in Abhängigkeit des Auslastungsszenarios und des Nachfrageszenarios dargestellt. Dabei gibt *obj.* die durchschnittliche Abweichung vom optimalen Zielfunktionswert in Prozent und *cpu* die durchschnittliche Rechenzeit in Sekunden an. Des Weiteren wird mit *best* die Anzahl [no.] bzw. der Anteil [%] aller Probleminstanzen angegeben, welcher mit der betrachteten Heuristik im Vergleich zu den restlichen Heuristiken am besten gelöst wird. Falls mehrere Heuristiken den besten Zielfunktionswert ermitteln, wird die Heuristik ausgewählt, welche die kürzere Rechenzeit aufweist.

Es ist zu beachten, dass bei der Auswertung nicht zusätzlich zwischen den unterschiedlichen Rüstkostenszenarien (SC) unterschieden wird. Jeder Kombination aus U und D können daher 600 Probleminstanzen zugeordnet werden. Die beste Heuristik hinsichtlich der Merkmale *obj. [%]*, *cpu [s]* und *best [%]* ist für jede Kombination aus Szenario U und Szenario D fettgedruckt hervorgehoben.

Es kann erkannt werden, dass die durchschnittliche Abweichung vom optimalen Zielfunktionswert (obj.) bei allen Heuristiken in Auslastungsszenario U2 deutlich höher ist als in Auslastungsszenario U1. Außerdem ist festzuhalten, dass alle

Tabelle 4.4 Ergebnisse der Lösungsheuristiken in Abhängigkeit von U und D

	L&V (1979)		D&S (1981)		DPA (1981)		G (1987)	
	obj. [%]	cpu [s]	obj. [%]	cpu [s]	obj. [%]	cpu [s]	obj. [%]	cpu [s]
	best [no.]	best [%]	best [no.]	best [%]	best [no.]	best [%]	best [no.]	best [%]
Szenario U1								
D1	4,22	**0,19**	3,50	1,39	**1,78**	34,46	3,28	0,61
	4	0,7	87	14,5	376	**62,7**	133	22,2
D2	11,08	**0,28**	**3,33**	1,45	7,57	31,46	7,34	0,76
	30	5,0	287	**47,8**	8	1,3	275	45,8
D3	8,93	**0,08**	0,76	1,32	**0,38**	15,91	1,19	0,40
	0	0,0	173	28,8	415	**69,2**	12	2,0
D4	**0,95**	**0,20**	1,13	1,32	1,06	41,20	1,33	0,54
	26	4,3	298	**49,7**	39	6,5	237	39,5
D5	5,81	**0,23**	4,43	1,17	**4,16**	25,96	5,18	0,52
	7	1,2	205	34,2	321	**53,5**	67	11,2
D6	9,23	**0,11**	1,32	1,35	**0,38**	35,97	1,30	0,54
	2	0,3	56	9,3	428	**71,3**	114	19,0
alle	6,70	**0,18**	**2,41**	1,33	2,55	30,83	3,27	0,56
	69	1,9	1106	30,7	1587	**44,1**	838	23,3
Szenario U2								
D1	11,57	**0,31**	8,04	1,46	**6,78**	23,66	10,45	0,79
	2	0,3	173	28,8	219	**36,5**	206	34,3
D2	22,97	**0,39**	**6,63**	1,68	16,71	26,08	14,24	1,16
	3	0,5	295	49,2	6	1,0	296	**49,3**
D3	8,84	**0,09**	1,04	1,34	**0,67**	21,15	1,49	0,43
	0	0,0	194	32,3	396	**66,0**	10	1,7
D4	**1,95**	**0,18**	2,19	1,17	2,20	32,59	2,55	0,46
	25	4,2	344	**57,3**	25	4,2	206	34,3
D5	11,20	**0,30**	**6,84**	1,12	16,53	17,13	9,28	0,60
	5	0,8	298	**49,7**	135	22,5	162	27,0
D6	11,07	**0,11**	2,04	1,30	**0,99**	32,19	2,17	0,53
	2	0,3	143	23,8	345	**57,5**	110	18,3
alle	11,27	**0,23**	**4,46**	1,35	7,31	25,47	6,70	0,66
	37	1,0	1447	**40,2**	1126	31,3	990	27,5
Szenario U1 + U2								
alle	8,99	**0,21**	**3,44**	1,34	4,93	28,15	4,98	0,61
	106	1,5	2553	35,5	2713	**37,7**	1828	25,4

L&V: Lambrecht & Vanderveken, D&S: Dixon & Silver, DPA: Dogramaci et al., G: Günther

betrachteten Heuristiken bei den Probleminstanzen der Kategorien U2/D1, U2/D2 und U2/D5 nur bedingt in der Lage sind, eine sehr gute Lösung zu finden (obj. > 5 %). Dabei scheint das Nachfrageszenario D2 (steigender Nachfrageverlauf) besonders schwierig zu sein, da hier auch in Kombination mit Auslastungsszenario U1 bei allen Heuristiken außer bei Dixon & Silver ein obj. > 5 % ermittelt wird.

Die Heuristik von Lambrecht und Vanderveken kann in drei der zwölf Kategorien (U/D) ein obj. < 5 % erzielen (U1/D1, U1/D4, U2/D4). Im Vergleich mit den anderen drei Heuristiken führt die Heuristik von Lambrecht und Vanderveken lediglich bei 106 der insgesamt 7.200 Probleminstanzen zur besten Lösung. Dies entspricht einem Anteil von 1,47 %. Allerdings weist die Heuristik von Lambrecht und Vanderveken unter allen Heuristiken die kürzeste durchschnittliche Rechenzeit auf (< 0,5 Sekunden).

Die Heuristik von Dixon & Silver weist bei neun der zwölf Kategorien ein obj. < 5 % auf. Auffällig ist, dass Dixon & Silver im Vergleich zu den restlichen Heuristiken die Probleminstanzen der Kategorien U1/D2, U1/D4, U2/D2, U2/D4 und U2/D5 am besten löst (best [%] > 47 %). Insgesamt betrachtet kann die Heuristik von Dixon & Silver über 35 % der Probleminstanzen am besten lösen. Die Laufzeiten betragen in allen Kategorien im Durchschnitt weniger als 2 Sekunden und sind im Vergleich zu den restlichen Heuristiken am zweit höchsten.

Die Heuristik von Dogramaci et al. erreicht in acht der zwölf Kategorien ein obj. < 5 %. Im Vergleich zu den restlichen Heuristiken dominiert die Heuristik von Dogramaci et al. die Kategorien U1/D1, U1/D3, U1/D5, U1/D6, U2/D1, U2/D3 und U2/D6 (best [%] > 36 %). Mehr als 37 % aller Probleminstanzen werden von der Heuristik von Dogramaci et al. am besten gelöst. Allerdings sind die durchschnittlichen Rechenzeiten im Vergleich zu den restlichen Heuristiken wesentlich höher (zw. 15–41 Sekunden).

Die Heuristik von Günther erreicht in sieben der zwölf Kategorien ein obj. < 5 %. Es kann zudem erkannt werden, dass vor allem die Probleminstanzen der Kategorien U1/D2 und U2/D2 von der Heuristik von Günther sowie Dixon & Silver am besten gelöst werden (best [%] > 45 %). Etwa 25 % aller Probleminstanzen können mit der Heuristik von Günther am besten gelöst werden, wobei die Rechenzeiten im Durchschnitt weniger als 1 Sekunde betragen.

In der Kategorie U1/D4 weisen alle Heuristiken eine sehr gute Lösungsgüte (obj. < 2 %) auf. Es kann festgehalten werden, dass in Abhängigkeit der Szenarien unterschiedliche Heuristiken die beste Lösungsgüte aufweisen und somit keine der betrachteten Lösungsheuristiken in allen Szenarien dominiert. Folglich kann ein Auswahlproblem identifiziert werden, weshalb die Forschungsfrage TF1 zu verneinen ist.

In Tabelle 4.5 werden die Ergebnisse der Heuristiken in Abhängigkeit des Auslastungsszenarios und des Rüstkostenszenarios dargestellt. Es befinden sich in jeder Kategorie (U/SC) 1.200 Probleminstanzen.

Tabelle 4.5 Ergebnisse der Lösungsheuristiken in Abhängigkeit von U und SC

	L&V (1979)		D&S (1981)		DPA (1981)		G (1987)	
	obj. [%]	cpu [s]	obj. [%]	cpu [s]	obj. [%]	cpu [s]	obj. [%]	cpu [s]
	best [no.]	best [%]	best [no.]	best [%]	best [no.]	best [%]	best [no.]	best [%]
Szenario U1								
SC1	10,05	**0,25**	**2,51**	2,22	3,44	50,86	2,68	0,91
	26	2,2	552	**46,0**	376	31,3	246	20,5
SC2	6,49	**0,19**	1,45	1,51	2,87	39,18	**1,39**	0,64
	26	2,2	307	25,6	580	**48,3**	287	23,9
SC3	3,57	**0,10**	3,27	0,26	**1,35**	2,44	5,74	0,14
	17	1,4	247	20,6	631	**52,6**	305	25,4
alle	6,70	**0,18**	**2,41**	1,33	2,55	30,83	3,27	0,56
	69	1,9	1106	30,7	1587	**44,1**	838	23,3
Szenario U2								
SC1	17,41	**0,28**	**4,50**	2,14	10,17	41,37	4,62	0,89
	11	0,9	754	**62,8**	91	7,6	344	28,7
SC2	10,48	**0,24**	3,70	1,51	8,96	32,77	**3,24**	0,71
	20	1,7	391	32,6	394	32,8	395	**32,9**
SC3	5,92	**0,17**	5,18	0,39	**2,81**	2,26	12,23	0,38
	6	0,5	302	25,2	641	**53,4**	251	20,9
alle	11,27	**0,23**	**4,46**	1,35	7,31	25,47	6,70	0,66
	37	1,0	1447	**40,2**	1126	31,3	990	27,5
Szenario U1 + U2								
alle	8,99	**0,21**	**3,44**	1,34	4,93	28,15	4,98	0,61
	106	1,5	2553	35,5	2713	**37,7**	1828	25,4

L&V: Lambrecht & Vanderveken, D&S: Dixon & Silver, DPA: Dogramaci et al., G: Günther

Ergänzend zu den Erkenntnissen aus Tabelle 4.4 kann festgestellt werden, dass im Vergleich aller Heuristiken die Heuristik von Dixon & Silver bei hohen Rüstkosten (SC1) und folglich eher vielen Losbündelungen und die Heuristik von Dogramaci et al. bei niedrigeren Rüstkosten (SC3) und folglich eher wenigen Losbündelungen besonders gut funktioniert (siehe best [%]). Im Rüstkostenszenario SC2 kann die Heuristik von Dogramaci et al. in U1 ebenfalls die meisten Probleminstanzen am besten lösen. Demgegenüber können in U2 die Heuristiken von Dixon & Silver, Günther und Dogramaci in etwa gleich viele Probleminstanzen am besten lösen.

Abbildung 4.4 zeigt für die Heuristik von Dixon & Silver (D&S), Dogramaci et al. (DPA) und Günther (G) die Anzahl am besten gelöster Probleminstanzen (*best [no.]*) sowohl für beide Auslastungsszenarios als auch für die drei Rüstkostenszenarien auf. Da die Heuristik von Lambrecht & Vanderveken nur sehr wenige Probleminstanzen am besten lösen kann, wird diese in der Abbildung nicht dargestellt. Es kann erkannt werden, dass in Auslastungsszenario U1 die Heuristik von Dogramaci et al. und im Falle einer sehr hohen Auslastung (U2) die Heuristik von Dixon & Silver am meisten Instanzen am besten lösen kann.

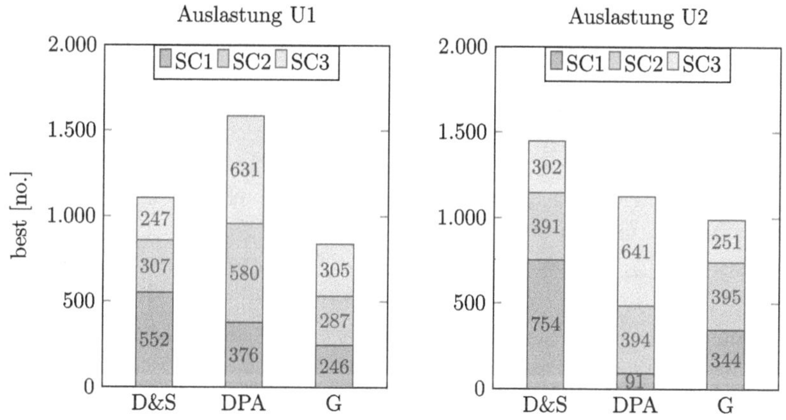

Abbildung 4.4 Anzahl am besten gelöster Probleminstanzen von Dixon & Silver (D&S), Dogramaci et al. (DPA) und Günther (G)

4.3 Feature Engineering – KPIs

Bei einer neuen, noch nicht betrachteten Probleminstanz des CLSP soll diejenige der vier Heuristiken vorhergesagt werden können, die für diesen speziellen Fall am besten geeignet ist. In ASPs werden »Features« gesucht, die eine bestimmte Probleminstanz quantitativ, d. h. durch eine Menge aussagekräftiger Zahlen, beschreiben können. Diese Zahlen dienen als Schlüsselindikatoren zur Charakterisierung einer Probleminstanz. Der Prozess, solche Indikatoren zu finden, wird »Feature Engineering« (siehe Abschnitt 2.8.1) genannt. Dabei ist zu beachten, dass sich die Merkmale nur auf die Probleminstanz selbst beziehen, d. h. auf die Eingabe eines Optimierungsproblems, bevor es gelöst wird. Wenn jedoch ein einfacher und intuitiver Benchmark-Algorithmus zur Verfügung stünde, mit dem sich schnell eine (machbare oder auch nicht machbare) Lösung des Optimierungsproblems finden ließe, könnten auch Indikatoren berechnet werden, die den Output/die Ergebnisse des Optimierungsprozesses und damit die Leistung dieses Benchmark-Algorithmus bewerten. Im Folgenden wird – zumindest teilweise – die Lot-for-Lot-Politik als ein solcher Benchmark-Algorithmus verwendet. Auf diese Weise ist es möglich, auch den »Schwierigkeitsgrad« der Probleminstanz zu beurteilen, d. h. wie einfach oder schwer es sein kann, zulässige Lösungen zu finden. Um zu betonen, dass auch die Leistung dieses Benchmark-Algorithmus betrachtet wird, wird im Folgenden die Verwendung des Begriffs »Key Performance Indicator« und die Abkürzung »KPI« anstelle dem Begriff »Feature« vorgezogen.

Solche KPIs sollten schnell berechenbar und sowohl relativ als auch relevant sein. Da die bei kleinen Probleminstanzen gewonnenen Erkenntnisse auf größere Probleminstanzen übertragen werden sollen, dürfen die KPIs nicht von der Problemgröße abhängen. Ihre Gesamtzahl und ihre Interpretation sollten für jede Problemgröße identisch sein. Daher sind KPIs, die aus absoluten Zahlen bestehen, nicht hilfreich. Stattdessen muss nach *relativen* Zahlen gesucht werden. So bleibt z. B. die Gesamtkapazität $\bar{K} := \sum_t K_t$ solange bedeutungslos, bis sie ins Verhältnis zum Gesamtbedarf $\bar{D} := \sum_{j,t} d_{tj} \cdot a_j$ gesetzt wird. Wenn die resultierende durchschnittliche Auslastung $\bar{u} := \frac{\bar{D}}{\bar{K}}$ 100 % überschreitet, ist es unmöglich, eine zulässige Lösung zu finden. Dies gilt für beliebig große Probleminstanzen.

Wie dieses Beispiel zeigt, sollten die KPIs auch *relevant* sein. Sie sollten wichtige Eigenschaften einer Probleminstanz ausdrücken, wie z. B. die Unmöglichkeit (oder allgemeiner den Schwierigkeitsgrad) zulässige Lösungen zu finden. So kann ein relevanter KPI einerseits den Schwierigkeitsgrad bei der Identifizierung einer zulässigen Lösung ausdrücken. Andererseits kann ein KPI auch die Schwierigkeit einer Probleminstanz in Bezug auf die Lösungsqualität beschreiben. Natürlich sollten irrelevante KPIs vermieden werden, da sie unnötig Rechenzeit verbrauchen und die Komplexität erhöhen (z. B. der Eingabeschicht eines neuronalen Netzes). Aber es ist schwer, ex ante zu beurteilen, ob ein KPI sich als relevant für die Vorhersage des besten Algorithmus einer Probleminstanz erweisen wird oder nicht. Aus diesem Grund werden im Folgenden auch einige KPIs vorgeschlagen, die nicht direkt mit der Zulässigkeit oder Lösungsqualität in Verbindung gebracht werden können.

4.3.1 KPIs mit Bezug zur Auslastung

Ausgehend von einer Lot-for-Lot Lösung können für das CLSP zwei Arten von Losverschiebungen unterschieden werden. Zum einen kann der Fall eintreten, dass in ausgewählten Perioden eine bedarfsgenaue Produktion aufgrund der Kapazitätsbeschränkung der Produktionslinie nicht möglich ist und somit eine Lot-for-Lot Lösung keine zulässige Lösung darstellt. Es müssen folglich Produktionsmengen in frühere Perioden verschoben werden, welche eine Restkapazität aufweisen. Werden hierbei nur Teillose verschoben, gehen diese Verschiebungen grundsätzlich mit einer Kostenerhöhung einher.

Auf der anderen Seite können trotz zulässiger Lot-for-Lot Lösung Losverschiebungen sinnvoll sein, um eine bessere Lösungsgüte zu erreichen. Dies ist dann der Fall, wenn durch die Bündelung von Losen Rüstkosten eingespart werden können und diese Ersparnis die zusätzlich resultierenden Lagerkosten übersteigt. Diese Verschiebungen werden in erster Linie zur Verbesserung der Lösungsgüte durchgeführt, können jedoch zeitgleich auch zur Reduzierung von Kapazitätsengpässen beitragen.

Weist eine gegebene Probleminstanz eine ausreichende Periodenkapazität auf, stellt eine Lot-for-Lot Lösung bereits eine zulässige Lösung dar, so dass für diese Probleminstanz der Schwierigkeitsgrad im Sinne der Zulässigkeit als sehr einfach eingestuft werden kann. Weist die Probleminstanz zudem ein sehr niedriges Verhältnis aus Rüst- und Lagerkostensätzen auf, können durch Losbündelungen nur selten Kosten eingespart werden, so dass der Schwierigkeitsgrad im Sinne der Lösungsgüte ebenfalls als einfach zu bewerten ist.

Weist demgegenüber eine Probleminstanz keine ausreichende Periodenkapazität für eine Lot-for-Lot Lösung auf, müssen Verschiebungen aufgrund der Kapazitätsverletzungen durchgeführt werden. Ist darüber hinaus das Rüstkostenverhältnis der Probleminstanz sehr hoch, sind zudem auch viele Losbündelungen notwendig, um eine gute Lösung zu generieren. In diesem Fall ist der Schwierigkeitsgrad im Sinne der Lösungsgüte als sehr schwer einzustufen.

Im Folgenden werden KPIs für das CLSP vorgestellt, welche den Schwierigkeitsgrad einer Probleminstanz im Sinne der Zulässigkeit bzw. Lösungsgüte beschreiben. Da im CLSP verschiedene Produkte um die Kapazität einer einzigen Produktionslinie konkurrieren, wird zunächst vorgeschlagen, die Maschinenauslastung im Falle einer Lot-for-Lot Politik zu erfassen.

Wie in Tabelle 4.6 ersichtlich, verkörpert KPI 1 die durchschnittliche Auslastung einer Periode, KPI 2 die maximale Auslastung, KPI 3 die minimale Auslastung und KPI 4 die Standardabweichung der Auslastung. Die vier KPIs informieren ein Prognoseverfahren über die Bandbreite der Kapazitätsauslastung einer Lot-for-Lot Lösung. Weist bspw. eine Probleminstanz in einer Periode eine maximale Auslastung $> 100\,\%$ auf, kann geschlussfolgert werden, dass Losverschiebungen

Tabelle 4.6 KPIs mit Bezug zur Auslastung

KPI-Nr.	KPI-Bezeichnung	Formel
1	durchschnittliche Auslastung	$\bar{u} = \frac{\sum_{j,t} d_{jt} \cdot a_j}{\sum_t K_t}$
2	maximale Auslastung	$u^{max} = \max_{0<t\leq T} \left[\frac{\sum_j d_{jt} \cdot a_j}{K_t} \right]$
3	minimale Auslastung	$u^{min} = \min_{0<t\leq T} \left[\frac{\sum_j d_{jt} \cdot a_j}{K_t} \right]$
4	Standardabweichung der Auslastung	$u^{std} = \sqrt{\frac{\sum_t (u_t - \bar{u})^2}{T}}$ mit $u_t = \frac{\sum_j d_{jt} \cdot a_j}{K_t}$
5	durchschnittliche kumulierte Auslastung	$\bar{uc} = \sum_{t=1}^{T} \left[\frac{\sum_j \sum_{h=1}^{t} d_{jh} \cdot a_j}{\sum_{h=1}^{t} K_h} \right] / T$
6	maximale kumulierte Auslastung	$uc^{max} = \max_{0<t\leq T} \left[\frac{\sum_j \sum_{h=1}^{t} d_{jh} \cdot a_j}{\sum_{h=1}^{t} K_h} \right]$
7	minimale kumulierte Auslastung	$uc^{min} = \min_{0<t\leq T} \left[\frac{\sum_j \sum_{h=1}^{t} d_{jh} \cdot a_j}{\sum_{h=1}^{t} K_h} \right]$
8	Standardabweichung der kumulierten Auslastung	$uc^{std} = \sqrt{\frac{\sum_{t=1}^{T} (uc_t - \bar{uc})^2}{T}}$ mit $uc_t = \frac{\sum_j \sum_{h=1}^{t} d_{jh} \cdot a_j}{\sum_{h=1}^{t} K_h}$

in frühere Perioden zwingend notwendig sind, um Kapazitätsverletzungen zu vermeiden. Ein Aussage darüber, wie viele Losverschiebungen erforderlich sind, kann allerdings nicht direkt abgeleitet werden.

Folglich erlauben die KPIs 1–4 kaum Rückschlüsse auf die generelle Lösbarkeit der Probleminstanz. Ist in früheren Perioden ausreichend Restkapazität vorhanden, um eine Überbelastung durch eine Vorproduktion und die damit einhergehende Lagerung zu beseitigen, ist die Probleminstanz weiterhin lösbar. Allerdings kann die Lösbarkeit einer Probleminstanz leicht überprüft werden, indem geprüft wird, ob in jeder Periode die kumulierte Kapazität größer gleich der kumulierten Nachfrage ist. Aus diesem Grund wird vorgeschlagen, ergänzend zu den einfachen Auslastungskennzahlen auch kumulierte Auslastungskennzahlen in der Inputschicht zu berücksichtigen.

Daher enthält Tabelle 4.6 auch die KPIs 5–8, die die durchschnittliche, minimale und maximale kumulative Auslastung sowie deren Standardabweichung darstellen. Sobald KPI 6 einen Wert größer 1 aufweist, existiert für die betrachtete Probleminstanz keine zulässige Lösung. Leider lässt sich daraus nicht schließen, dass ein Wert nahe bei 1 automatisch bedeutet, dass es schwierig ist, eine zulässige Lösung zu finden. Bei Probleminstanzen mit gleichmäßigen hohen Periodenauslastungen (vgl. U2/D4), weist sowohl die durchschnittliche als auch die maximale kumulierte Auslastung einen hohen Wert auf. Trotzdem kann für diese Art von Probleminstanz bereits eine Lot-for-Lot Lösung eine zulässige Lösung darstellen.

4.3.2 KPIs mit Bezug zur Nachfrage

Abschnitt 4.2 hat gezeigt, dass die einzelnen Lösungsheuristiken mit bestimmten Nachfrageszenarien besser zurecht kommen als mit anderen. Aus diesem Grund sollte dem Prognoseverfahren mitgeteilt werden, wie sich die Gesamtnachfrage im Zeitverlauf entwickelt. Da in der Fallstudie eine im Zeitverlauf konstante Periodenkapazität angenommen wird, entspricht der Gesamtnachfrageverlauf dem Verlauf der Periodenauslastung. Der Verlauf der Nachfrage bzw. der Auslastung kann Hinweise dahingehend liefern, zu welchem Zeitpunkt des Planungshorizonts (in welchem Umfang) Engpässe auftreten können, und beschreibt damit indirekt den Schwierigkeitsgrad im Sinne der Zulässigkeit und der Lösungsgüte.[2] Daher wird versucht, mit Hilfe einiger weiterer KPIs den Verlauf der Nachfragekurve zu beschreiben. Es werden zwei Möglichkeiten vorgeschlagen.

Tabelle 4.7 KPIs mit Bezug zur Nachfrage

KPI-Nr.	KPI-Bezeichnung	Formel
9	Anteil an der Gesamtnachfrage – 1. Drittel	$\Delta d_1^{ges} = \frac{\sum_j \sum_{t=1}^{\lfloor T/3 \rfloor} d_{jt} \cdot a_j}{\sum_j \sum_{t=1}^{T} d_{jt} \cdot a_j}$
10	Anteil an der Gesamtnachfrage – 2. Drittel	$\Delta d_2^{ges} = \frac{\sum_j \sum_{t=\lceil T/3 \rceil}^{\lfloor 2T/3 \rfloor} d_{jt} \cdot a_j}{\sum_j \sum_{t=1}^{T} d_{jt} \cdot a_j}$
11	Anteil an der Gesamtnachfrage – 3. Drittel	$\Delta d_3^{ges} = \frac{\sum_j \sum_{t=\lceil 2T/3 \rceil}^{T} d_{jt} \cdot a_j}{\sum_j \sum_{t=1}^{T} d_{jt} \cdot a_j}$
12	Steigung der Regressionsgeraden	$b = \frac{\sum_t (t - \frac{T+1}{2}) \cdot (d_t - \bar{d}_t)}{\sum_t (t - \frac{T+1}{2})^2}$ mit $d_t = \sum_j d_{jt} \cdot a_j \quad \bar{d}_t = \frac{\sum_t d_t}{T}$

[2] Sollte die Kapazität im Zeitverlauf variieren, sind zusätzlich KPIs notwendig, welche den Kapazitätsverlauf analog zum Nachfrageverlauf beschreiben.

Die erste Möglichkeit besteht darin, dass der Planungshorizont gedanklich in eine bestimmte Anzahl an Abschnitten unterteilt wird. Für jeden dieser Abschnitte lässt sich dann der Anteil an der Gesamtnachfrage ermitteln. Werden die Anteile aller Abschnitte zusammen betrachtet, lassen sich Rückschlüsse auf den Nachfrageverlauf ziehen. Im Folgenden wird der Planungshorizont gedanklich in drei Abschnitte unterteilt, weshalb die KPIs 9, 10 und 11 (siehe Tabelle 4.7) jeweils einen Anteil an der Gesamtnachfrage verkörpern. Hierbei ist anzumerken, dass bei der Berechnung der Anteile die Nachfrage mit dem entsprechenden Produktionskoeffizienten gewichtet wird. Eine Erhöhung der Anzahl der Abschnitte bis zu T könnte dazu beitragen, saisonale Effekte besser zu erfassen, birgt aber auch die Gefahr einer Überanpassung.

Wenn saisonale Effekte weniger wichtig sind, kann es hilfreich sein, einen linearen Trend in der Nachfrage zu ermitteln. Dies kann durch eine Regressionsanalyse geschehen. Die zweite Möglichkeit besteht folglich darin, die Steigung der Nachfragekurve durch eine lineare Regression zu approximieren. Dies geschieht anhand von KPI 12, wobei die Produktionskoeffizienten a_j wiederum dazu dienen, die Gesamtnachfrage in Zeiteinheiten auszudrücken. Wenn die Kapazität im Laufe der Zeit variiert, wären zusätzliche Kennzahlen erforderlich, um die Kapazitätskurve analog zu beschreiben.

4.3.3 KPIs bezüglich Losbündelung und Produkteigenschaften

Des Weiteren können auch KPIs sinnvoll sein, welche lediglich bestimmte Eigenschaften der Probleminstanz beschreiben und sich nicht direkt auf den Schwierigkeitsgrad einer Probleminstanz im Sinne der Zulässigkeit bzw. Lösungsgüte beziehen. Um dem Prognoseverfahren einen Einblick zu geben, wie sich die Produkte einer Probleminstanz hinsichtlich der Produktionszeit, des Lager- und des Rüstkostensatzes unterscheiden, wird in den KPIs 13–15 der Tabelle 4.8 der Variationskoeffizient für den jeweiligen Parameter berechnet. Dieser ergibt sich als Division aus der Standardabweichung und des arithmetischen Mittels. Je homogener (ähnlicher sich) die Produkte sind, desto weniger Einfluss hat die richtige Auswahl des zu verschiebenden Produkts bzw. Loses auf die Lösungsgüte.

Kann in einer Periode die gesamte Nachfrage nicht bedarfsgenau produziert werden, müssen einzelne Lose in frühere Perioden verschoben werden. Da bei der Auswahl des zu verschiebenden Loses der Lagerkostensatz pro freiwerdender Kapazitätseinheit[3] eine wesentliche Rolle spielt, wird in KPI 16 die Streuung

[3] Im Folgenden als »relativer Lagerkostensatz« bezeichnet.

Tabelle 4.8 KPIs bezüglich Losbündelung und Produkteigenschaften

KPI-Nr.	KPI-Bezeichnung	Formel
13	Variationskoeffizient des Produktionskoeffizienten	$v^a = \frac{a^{std}}{\overline{a}} = \frac{\sqrt{J \cdot \sum_j \left(a_j - \frac{\sum_j a_j}{J}\right)^2}}{\sum_j a_j}$
14	Variationskoeffizient des Lagerkostensatzes	$v^{hc} = \frac{hc^{std}}{\overline{hc}} = \frac{\sqrt{J \cdot \sum_j \left(hc_j - \frac{\sum_j hc_j}{J}\right)^2}}{\sum_j hc_j}$
15	Variationskoeffizient des Rüstkostensatzes	$v^{sc} = \frac{sc^{std}}{\overline{sc}} = \frac{\sqrt{J \cdot \sum_j \left(sc_j - \frac{\sum_j sc_j}{J}\right)^2}}{\sum_j sc_j}$
16	Variationskoeffizient des relativen Lagerkostensatzes	$v^{rhc} = \frac{rhc^{std}}{\overline{rhc}}$ mit: $rhc^{std} = \sqrt{\frac{\sum_j (rhc_j - \overline{rhc})^2}{J}}$ $\overline{rhc} = \frac{\sum_j rhc_j}{J} rhc_j = \frac{hc_j}{a_j}$
17	durchschnittliches Verhältnis Rüst- zu Lagerkosten	$\Delta sc = \frac{\sum_j sc_j / (\overline{d_j} \cdot hc_j)}{J}$ mit: $\overline{d_j} = \frac{\sum_t d_{jt}}{T}$

des relativen Lagerkostensatzes (hc_j/a_j) in Form des Variationskoeffizienten aufgenommen (siehe Tabelle 4.8). Ein sehr niedriger Variationskoeffizient bedeutet, dass die Produkte der betrachteten Probleminstanz sehr ähnliche relative Lagerkostensätze aufweisen und die Auswahl des zu verschiebenden Loses die Lösungsgüte eher gering beeinflusst.

Selbst wenn die Kapazität ausreichend ist, können Losverschiebungen trotz zulässiger Lösung sinnvoll sein, wenn durch die Bündelung von Losen Kosten eingespart werden können und damit die Lösungsgüte verbessert werden kann. Aus diesem Grund wird in KPI 17 dem Prognoseverfahren das durchschnittliche Verhältnis aus Rüst- und Lagerkosten für eine Losverschiebung der Größe eines durchschnittlichen Periodenbedarfs mitgeteilt. Je kleiner das Verhältnis aus Rüst- und Lagerkosten ist, desto weniger Losbündelungen sind zur Erreichung einer guten Lösungsgüte notwendig.

4.4 Prognosemethoden als Benchmark

Im folgenden Kapitel werden vier verschiedene Prognosemethoden zur Auswahl der besten Lösungsheuristik in Abhängigkeit der Charakteristiken einer Probleminstanz entwickelt, konfiguriert und trainiert. Diese sollen im weiteren Verlauf der Arbeit dem neuronalen Netz (siehe Abschnitt 4.5) als Vergleichsmaßstab dienen. Die folgenden Prognosemethoden lassen sich in einfache (Abschnitt 4.4.1), regelbasierte (Abschnitt 4.4.2) und auf empirischen Verteilungen basierende (Abschnitt 4.4.3) Ansätze unterteilen.

Ein Teil der Prognosemethoden muss vor der Anwendung zunächst trainiert und konfiguriert werden. Aus diesem Grund wird die Datensammlung J72T12G24 (7.200 Instanzen) in eine Trainingsmenge (3.840 Instanzen), Validierungsmenge (960 Instanzen) und Testmenge (2.400 Instanzen) unterteilt.

4.4.1 Einfache Prognosemethoden

Ist kein Wissen oder keine Erfahrung hinsichtlich der Leistungsfähigkeit einzelner Lösungsheuristiken vorhanden, kann nicht abgeschätzt werden, ob eine Heuristik für eine bestimmte Art von Probleminstanz besser oder schlechter funktioniert. In diesem Fall liegt es nahe, aus allen Lösungsheuristiken mit der gleichen Wahrscheinlichkeit zufällig auszuwählen. Im Falle von vier zur Verfügung stehenden Lösungsheuristiken würde jede Heuristik mit einer Wahrscheinlichkeit von 25 % ausgewählt werden.

Sind demgegenüber bereits erste Erkenntnisse bzgl. der Leistungsfähigkeit aufgrund eines analytischen Vergleichs aller Heuristiken bekannt, könnten diese Erkenntnisse bei der Auswahl berücksichtigt werden. Gemäß Tabelle 4.4 werden 1,5 % der Probleminstanzen mit der Heuristik von Lambrecht und Vanderveken (1979), 35,5 % der Instanzen mit der Heuristik von Dixon und Silver (1981), 37,7 % der Instanzen mit der Heuristik von Dogramaci et al. (1981) und 25,4 % der Instanzen mit der Heuristik von Günther (1987) am besten gelöst. Statt daher jede Heuristik mit der gleichen Wahrscheinlichkeit auszuwählen, könnte jede Heuristik gemäß der in der Datensammlung J72T12G24 enthaltenen empirischen Verteilung ausgewählt werden. Da bei diesem Ansatz nicht genauer zwischen den einzelnen Typen von Probleminstanzen unterschieden wird, wird diese Prognosemethode im Folgenden als »non-conditional empirical distribution« bezeichnet.

4.4.2 Regel-basierte Prognosemethode

Werden die analytischen Ergebnisse aus Abschnitt 4.2 genauer betrachtet, können deutliche Leistungsunterschiede zwischen den einzelnen Heuristiken in Abhängigkeit der Szenarien erkannt werden. Folglich könnten einfache Regeln abgeleitet werden, welche im Anschluss zur Auswahl einer Lösungsheuristik in Abhängigkeit der Charakteristiken der Probleminstanz verwendet werden können.

In Abbildung 4.5 sind zur Mustererkennung die Heuristiken von Dixon und Silver (1981), Dogramaci et al. (1981) und Günther (1987) in Abhängigkeit der Auslastung- und Rüstkostenszenarien anhand des Anteils der am besten gelösten Instanzen gegenübergestellt. Wie bereits in Abschnitt 4.2 erwähnt, kann bspw. erkannt werden, dass in Szenario SC1 für beide Auslastungsszenarien Dixon und Silver (1981) die meisten Instanzen am besten lösen kann, wohingegen Dogramaci et al. (1981) in den restlichen Rüstkostenszenarien (außer U2/SC2) dominiert. Werden nur die Auslastungsszenarien betrachtet, können Dogramaci et al. (1981) in U1 und Dixon und Silver (1981) in U2 die meisten Instanzen am besten lösen.

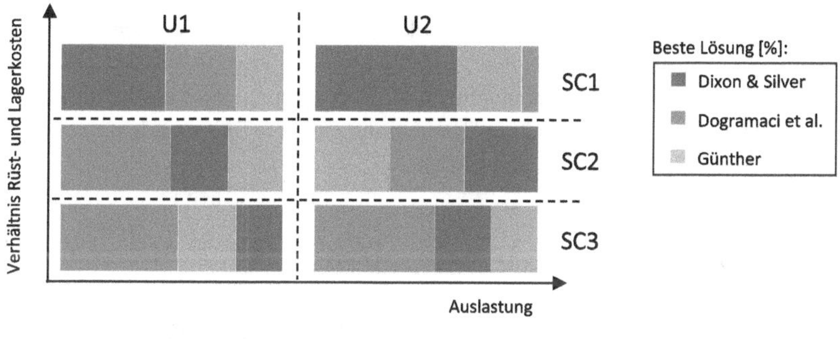

Abbildung 4.5 Mustererkennung – U vs. SC

Unter Berücksichtigung der in Abschnitt 4.2 und Abbildung 4.5 erkannten Muster und unter Verwendung der in Abschnitt 4.3 vorgestellten KPIs können beispielhaft die folgenden drei Regeln abgeleitet werden. Es wird angemerkt, dass die Klassengrenzen der KPIs anhand der Inputdaten zur Erzeugung der Datensammlung geschätzt werden. Auf eine Optimierung der Grenzen anhand der Trainings- bzw. Validierungsmenge bspw. mittels vollständiger Enumeration wird an dieser Stelle verzichtet.

Regel 1: Wenn die durchschnittliche kumulierte Auslastung (KPI 5) größer als 70 % ist, dann wähle die Heuristik von Dixon und Silver (1981), ansonsten wähle die Heuristik von Dogramaci et al. (1981).

Regel 2: Wenn das durchschnittliche Verhältnis aus Rüst- zu Lagerkosten (KPI 17) größer als 1,2 ist, dann wähle die Heuristik von Dixon und Silver (1981), ansonsten wähle die Heuristik von Dogramaci et al. (1981).

Regel 3: Wenn KPI 17 größer als 1,2 ist, dann wähle die Heuristik von Dixon und Silver (1981). Wenn KPI 17 kleiner als 0,8 ist, dann wähle die Heuristik von Dogramaci et al. (1981). Wenn KPI 17 größer oder gleich 0,8 ist und kleiner oder gleich 1,2 und KPI 5 kleiner als 70 % ist, dann wähle die Heuristik von Dogramaci et al. (1981), ansonsten wähle die Heuristik von Günther (1987).

In Regel 3 werden die KPIs 5 und 17 miteinander kombiniert, um die Leistungsunterschiede der Heuristiken detaillierter zu berücksichtigen. Da die Leistungsfähigkeit der Lösungsheuristiken auch in Abhängigkeit des Nachfrageverlaufes variiert (siehe Tabelle 4.4), sind diesbezüglich weitere Regeln denkbar. Regeln wie diese können recht willkürlich erscheinen. Dennoch sind sie in der industriellen Praxis beliebt, weil sie die Erfahrungen der Praktiker widerspiegeln, leicht zu verstehen und einfach anzuwenden sind. Eine alternative und wesentlich anspruchsvollere Methode zur Ableitung von Entscheidungsregeln ist die Verwendung von Entscheidungsbäumen. Strukturierte Übersichten über Entscheidungsbäume finden sich z. B. in Costa und Pedreira (2023) und Kotsiantis (2013).

4.4.3 Conditional empirical distribution

Ein Nachteil des regel-basierten Ansatzes ist, dass die Regeln unter Verwendung von mehreren KPIs schnell sehr unübersichtlich werden können (siehe Regel 3) und die Festlegung der auszuwählenden Heuristik in Abhängigkeit einer bestimmten KPI-Ausprägung oftmals nicht eindeutig ist. Als Beispiel kann die Szenarien-Kombination U2/SC2 (siehe Abbildung 4.5) genannt werden, in der die Heuristiken von Günther, Dogramaci et al. und Dixon & Silver in etwa gleich viele Instanzen am besten lösen können.

Aufbauend auf der Idee des regel-basierten Ansatzes könnte daher ein weiterer Ansatz zur Vorhersage der besten Lösungsheuristik in der Verwendung von bedingten Wahrscheinlichkeiten bestehen, welche sich mit Hilfe der in Abschnitt 4.3 abgeleiteten KPIs aus der Trainingsmenge berechnen lassen. Statt sich auf eine der Heuristiken fix festzulegen, könnte im oben genannten Beispiel die Auswahl anhand der empirischen Häufigkeitsverteilung erfolgen. Im Folgenden wird der alternative Prognoseansatz unter Verwendung der KPI 12 »Steigung der Regressionsgeraden« kurz erläutert.

Im ersten Schritt muss für alle Probleminstanzen der Trainings- und Validierungsmenge die Steigung der Regressionsgeraden ermittelt und eine z-Wert Standardisierung[4] durchgeführt werden, so dass sich ein Erwartungswert von 0 und eine Standardabweichung von 1 ergibt. Sollte es sich bei der betrachteten KPI um die KPI 9, 10 oder 11 (Anteil Nachfrage 1., 2., 3. Drittel an Gesamtnachfrage in ZE) handeln, wird die Standardisierung im Verbund durchgeführt, da sonst die Information über den Nachfrageverlauf verloren gehen würde.

Im nächsten Schritt wird für die Trainingsmenge die KPI »Steigung der Regressionsgeraden« in ein kategorisches Merkmal transformiert. Hierzu müssen sowohl die Klassenanzahl als auch die Klassengrenzen festgelegt werden. Um eine händische Festlegung der Klassengrenzen zu vermeiden, werden die Grenzen so festgelegt, dass in jeder Klasse gleich viele Beobachtungswerte (Probleminstanzen) enthalten sind. Wird die Klassenanzahl auf drei Klassen fixiert, enthält folglich jede Klasse 1.280 (= 3.840/3) Instanzen. Da für jede Probleminstanz der Trainingsmenge bekannt ist, welche Lösungsheuristik zur besten Lösungsgüte führt, kann zum Schluss für jede Klasse eine Häufigkeitsverteilung der Lösungsheuristiken ermittelt und hinterlegt werden.

Um die beste Lösungsheuristik für eine bisher unbekannte Probleminstanz zu prognostizieren, muss zunächst die Steigung der Regressionsgeraden berechnet und anhand der erlernten Parameter der Trainings- und Validierungsmenge (Mittelwert und Standardabweichung der Grundgesamtheit) standardisiert werden. Darauffolgend kann die passende Klasse ermittelt und eine zufällige Auswahl der Lösungsheuristik gemäß der hinterlegten Wahrscheinlichkeitsverteilung durchgeführt werden.

Da für jede Klasse eine Häufigkeitsverteilung separat erfasst wird und diese nur für die jeweilige Klasse als Wahrscheinlichkeitsverteilung dient, handelt es sich um bedingte Wahrscheinlichkeiten, weshalb der Prognoseansatz in den nachfolgenden Ausführungen als »conditional empirical distribution« bezeichnet wird.

Die Leistungsfähigkeit dieses Ansatzes kann erheblich verbessert werden, indem mehrere KPIs miteinander kombiniert werden. Die Abbildung 4.6 zeigt ein Beispiel, bei dem die KPIs »Steigung der Regressionsgeraden« und »durchschnittliches Verhältnis aus Rüst- und Lagerkosten« miteinander kombiniert werden. Aus Gründen

[4] Um eine Beobachtung aus einer Grundgesamtheit zu standardisieren, wird der Mittelwert der Grundgesamtheit von der betreffenden Beobachtung subtrahiert und das Ergebnis durch die Standardabweichung der Grundgesamtheit dividiert.

der Übersichtlichkeit sind lediglich 500 der insgesamt 3.840 Probleminstanzen der Trainingsmenge abgebildet. Für jede KPI beträgt die Klassenanzahl drei, weshalb sich durch die Kombination der KPIs in Summe neun Kategorien[5] ergeben. Diese sind in Abbildung 4.6 durch gestrichelte Linien voneinander abgegrenzt.

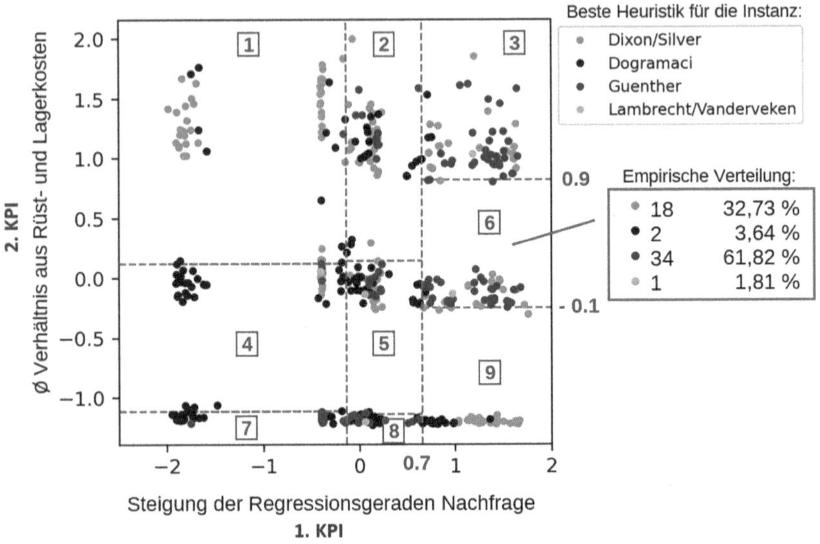

Abbildung 4.6 Bedingte Wahrscheinlichkeiten – Bsp. mit 2 KPIs, 3 Klassen pro KPI

Zu beachten ist, dass die Klassengrenzen bei der Verwendung von mehr als einer KPI sukzessive ermittelt werden. Im vorliegenden Beispiel werden zuerst die Klassengrenzen für die KPI »Steigung der Regressionsgeraden« festgelegt, so dass sich in jeder Klasse zunächst 166 bzw. 167 (= 500/3) Instanzen befinden. Anschließend wird jede Klasse in Abhängigkeit der KPI »durchschnittliches Verhältnis aus Rüst- und Lagerkosten« in drei weitere Klassen unterteilt, wobei hierbei die Klassengrenzen der KPI »durchschnittliches Verhältnis aus Rüst- und Lagerkosten« für jede Ursprungsklasse individuell festgelegt werden können. Diese Vorgehen stellt sicher, dass jede der neun Kategorien gleich viele Instanzen (500/9 = 55,56) aufweist. Gleichzeitig lässt sich festhalten, dass die Reihenfolge der ausgewählten KPIs einen Einfluss auf die Grenzen der resultierenden Kategorien und damit auf die

[5] Werden Klassen von mehreren KPIs miteinander kombiniert, wird im Folgenden von Kategorien gesprochen.

Leistungsfähigkeit des Prognoseansatzes hat. Für das in Abbildung 4.6 betrachtete Beispiel gilt folgender Zusammenhang:

Wird eine Probleminstanz r mit der Wahrscheinlichkeit $P(cat.6) = P(KPI_1(r) > 0.7) \cap P(-0.1 \leq KPI_2(r) \leq 0.9)$ Kategorie 6 zugeordnet, wird mit der Wahrscheinlichkeit $P(D\&S \mid cat.6) = 32,73\,\%$ Dixon und Silver (1981), mit der Wahrscheinlichkeit $P(DPA \mid cat.6) = 3,64\,\%$ Dogramaci et al. (1981), mit der Wahrscheinlichkeit $P(G \mid cat.6) = 61,82\,\%$ Günther (1987) und mit der Wahrscheinlichkeit $P(L\&V \mid cat.6) = 1,81\,\%$ Lambrecht und Vanderveken (1979) als beste Lösungsheuristik ausgewählt.[6]

Im folgenden Abschnitt soll eine geeignete Konfiguration des beschriebenen Prognoseansatzes gefunden werden. Es stellt sich die Frage, wie viele und vor allem welche KPIs miteinander kombiniert werden sollen, welche Reihenfolge hierbei angewendet werden soll und wie viele Klassen je KPI erzeugt werden sollen. Es ist anzumerken, dass die Anzahl der resultierenden Kategorien in Abhängigkeit der Anzahl an KPIs und der Klassenanzahl je KPI exponentiell steigt. Während sich bei der Kombination von zwei KPIs und einer Klassenanzahl von drei insgesamt neun ($= 3^2$) Kategorien ergeben, führt die Kombination von drei KPIs bei identischer Klassenanzahl bereits zu 27 ($= 3^3$) Kategorien.

Je mehr Kategorien abgeleitet werden, desto weniger Probleminstanzen enthält jede Kategorie. Werden mehr Kategorien abgeleitet, als es Probleminstanzen in der Trainingsmenge gibt, weisen einzelne Kategorien keine einzige Probleminstanz auf, weshalb keine Häufigkeitsverteilung erfasst werden kann. Daher wird in diesem Fall bei der Prognose aus allen Lösungsheuristiken gemäß der in der Trainingsdatensammlung enthaltenen Verteilung zufällig gezogen. Außerdem sollte erwähnt werden, dass auch die Anzahl an möglichen KPI-Kombinationen unter Berücksichtigung der Reihenfolge mit der Anzahl an auszuwählenden KPIs stark zunimmt. Während bei der Auswahl von 2 aus 17 KPIs 272 mögliche Kombinationen überprüft werden müssen, sind es bei 3 aus 17 KPIs bereits 4.080 Möglichkeiten.

Zur Beantwortung der zuvor aufgeworfenen Fragen werden für die Kombination von 1–4 KPIs in Verbindung mit drei, fünf, sechs und neun Klassen je KPI alle unter Berücksichtigung der Reihenfolge möglichen KPI-Kombinationen getestet. Die Festlegung der Klassengrenzen und die Ermittlung der empirischen Verteilung für jede Kategorie erfolgt auf Basis der Trainingsmenge. Anschließend wird anhand der Validierungsmenge eine Korrektklassifizierungsrate für jede Kombination aus KPI und Reihenfolge erfasst. Um zufälliges Rauschen zu beseitigen und repräsen-

---

[6] Die Wahrscheinlichkeiten ergeben sich auf Basis der 500 beispielhaft ausgewählten Instanzen (siehe Abb. 4.6).

tative Validierungsergebnisse zu erhalten, wird die Korrektklassifizierungsrate aus dem Durchschnitt von 50 Durchläufen berechnet.

In Tabelle 4.9 sind die Validierungsergebnisse für die Kombination von 1–4 KPIs in Verbindung mit drei, fünf, sechs und neun Klassen je KPI dargestellt. Hierbei definiert *no. Kat.* die Anzahl der resultierenden Kategorien, *no./Kat.* die Anzahl an Probleminstanzen je Kategorie und *KKR Top 10* die Spanne der durchschnittlichen Korrektklassifizierungsraten der zehn besten KPI-Kombinationen.

Tabelle 4.9 Conditional empirical distribution – Ergebnisse der Trainings- & Validierungsphase

Klassen	3		5		6		9	
KPIs	no. Kat.	no./Kat.	no. Kat.	no./Kat.	no. Kat.	no./Kat.	no. Kat.	no./Kat.
	KKR Top 10 [%]		KKR Top 10 [%]		KKR Top 10 [%]		KKR Top 10 [%]	
1	3	1280,0	5	768,0	6	640,0	9	426,7
	35,4 - 39,0		37,9 - 40,1		**38,6 - 43,6**		38,5 - 42,6	
2	9	426,7	25	153,6	36	106,7	81	47,4
	47,1 - 49,2		51,0 - 54,4		**54,8 - 61,1**		55,2 - 59,9	
3	27	142,2	125	30,7	216	17,8	729	5,3
	60,4 - 61,0		64,0 - 64,9		67,8 - 68,8		**68,7 - 69,4**	
4*	81	47,4	625	6,1	1296	3,0	6561	0,6
	67,0 - 67,4		69,6 - 70,1		**72,1 - 73,0**		63,1 - 63,6	

* Verhältnis von Rüst- und Lagerhaltungskosten als 1. KPI fixiert. Aus den verbleibenden 16 KPIs werden drei weitere KPIs ausgewählt.
Die besten KPI-Kombinationen in Abhängigkeit der KPI-Anzahl sind fettgedruckt hervorgehoben.

Es kann erkannt werden, dass sowohl mit steigender Anzahl an KPIs als auch mit steigender Klassenanzahl je KPI bessere Korrektklassifizierungsraten erzielt werden können. Allerdings führt eine höhere Klassenanzahl nicht unbegrenzt zu einer besseren Performance. Es zeigt sich, dass im Falle von einer KPI und zwei KPIs eine Klassenanzahl von neun etwas schlechter abschneidet als eine Klassenanzahl von sechs.

Im Falle der Kombination von drei KPIs mit jeweils neun Klassen kann eine Korrektklassifizierungsrate von bis zu 69,4 % erzielt werden. Diese ergibt sich durch die Kombination der KPIs »durchschnittliches Verhältnis aus Rüst- und Lagerkosten« (1. KPI), »Steigung der Regressionsgeraden« (2. KPI) und »Standardabweichung der kumulierten Auslastung« (3. KPI).

Hinsichtlich der Kombination von vier KPIs ist anzumerken, dass zur Ermittlung der besten KPI-Kombination theoretisch 57.120 Möglichkeiten überprüft werden müssten, wodurch ein sehr hoher Rechenaufwand entstehen würde. Die Experimente mit drei KPIs zeigen jedoch, dass die KPI »durchschnittliches Verhältnis aus Rüst- und Lagerkosten« unter den zehn besten KPI-Kombinationen eines Experiments in 58 % der Fälle als erste KPI und in 100 % der Fälle zumindest als eine der drei KPIs angewendet wird. Aus diesem Grund wird zur Reduzierung des Rechenaufwandes bei allen Experimenten mit vier KPIs das »durchschnittliche Verhältnis aus Rüst- und Lagerkosten« als erste KPI fixiert. Die mit 73,0 % höchste Korrektklassifizierungsrate kann bei der Kombination der KPIs »durchschnittliches Verhältnis aus Rüst- und Lagerkosten« (1. KPI), »Steigung der Regressionsgeraden« (2. KPI), »Standardabweichung der Auslastung« (3. KPI) und »minimale kumulierte Auslastung« (4. KPI) in Verbindung mit einer Klassenanzahl von sechs beobachtet werden. Folglich werden diese vier KPIs mit den entsprechenden Klassengrenzen und den empirischen Verteilungen als Prognoseverfahren für das CLSP unter der Bezeichnung »conditional empirical distribution« abgespeichert.

Tabelle 4.10 zeigt, welche KPIs wie oft in den besten und schlechtesten zehn KPI-Kombinationen enthalten sind. Betrachtet werden die KPI-Kombinationen der Experimente mit vier KPIs in Verbindung mit drei, fünf und sechs Klassen je KPI. Da bei diesen Experimenten die KPI »durchschnittliches Verhältnis aus Rüst- und Lagerkosten« (KPI 17) als erste KPI fixiert wurde, ist diese nicht in der Auflistung enthalten.

Tabelle 4.10 Relevanz der KPIs [4 KPIs, Klassenanzahl = 3,5,6]

Top 10			Last 10		
Nr.	KPI	Anteil [%]	Nr.	KPI	Anteil [%]
4	Std. Auslastung	60,0	16	Variationskoeff. rhc_j	93,3
12	Regressionsgerade	43,3	13	Variationskoeff. a_j	83,3
1	∅ Auslastung	43,3	14	Variationskoeff. hc_j	83,3
3	Min. Auslastung	33,3	6	Max. kum. Auslastung	36,7
11	Nachfrageanteil 3/3	33,3	15	Variationskoeff. sc_j	3,3
8	Std. kum. Auslastung	26,7			
7	Min. kum. Auslastung	23,3			
9	Nachfrageanteil 1/3	23,3			
5	∅ kum. Auslastung	10,0			
2	Max. Auslastung	3,3			

Während die KPI »Standardabweichung der Auslastung« (KPI 4) in 60,0 % der zehn besten KPI-Kombinationen enthalten ist, wird die KPI »maximale Auslastung« (KPI 2) nur in 3,3 % der zehn besten KPI-Kombinationen verwendet. Daraus lässt sich schließen, dass KPI 4 wichtiger als KPI 2 ist. Außerdem kann erkannt werden, dass in den besten KPI-Kombinationen vor allem KPIs Anwendung finden, welche in irgendeiner Form die Periodenauslastung bzw. den Schwierigkeitsgrad einer Probleminstanz beschreiben. In der rechten Spalte von Tabelle 4.10 sind die KPIs dargestellt, die in den zehn schlechtesten KPI-Kombinationen enthalten sind. Es zeigt sich, dass die KPIs 16, 13 und 14 lediglich eine geringe Relevanz aufweisen. Interessant ist, dass diese KPIs nur bestimmte Eigenschaften der Probleminstanz beschreiben und sich nicht direkt auf den Schwierigkeitsgrad einer Probleminstanz im Sinne der Zulässigkeit bzw. Lösungsgüte beziehen.

4.5 Neuronales Netz – CLSP-Net

Im folgenden Kapitel soll die Auswahl der besten Lösungsheuristik mit Hilfe eines KNN erfolgen, welches mit dem Namen CLSP-Net bezeichnet wird. Da für die in der Datensammlung J72T12G24 enthaltenen Probleminstanzen die jeweils beste Lösungsheuristik bereits bekannt ist, entspricht der ausgewählte Lernansatz einer Klassifizierungsaufgabe, welche dem Teilgebiet des Supervised Learning zuzuordnen ist (siehe Abschnitt 2.2.1).

In Abschnitt 4.5.1 wird zunächst auf die grundsätzliche Struktur und den Aufbau von CLSP-Net eingegangen. Daran anschließend wird in Abschnitt 4.5.2 die grundsätzliche Vorgehensweise zur Entwicklung und zum Training von CLSP-Net beschrieben, bevor in Abschnitt 4.5.3 die Hyperparameter von CLSP-Net abgestimmt sowie die Ergebnisse der Validierungsphase erläutert werden.

4.5.1 Grundlegender Aufbau von CLSP-Net

Bei CLSP-Net handelt es sich um ein Feedforward-Netz, das ebenenweise vollständig verbunden ist. Die *Inputschicht* umfasst 17 Knoten. Damit CLSP-Net unabhängig von der Größe der Probleminstanz angewendet werden kann, werden der Inputschicht relative KPIs übergeben, die für jede Probleminstanz zuvor zu berechnen sind (siehe Abbildung 4.7).

In den *versteckten Schichten* wird als Aktivierungsfunktion eine ReLU-Funktion implementiert. Diese stellt eine stückweise lineare Funktion dar und wird aufgrund der relativ geringen Rechenkomplexität und der guten Performance sehr häufig in KNNs verwendet (siehe Abschnitt 2.5.2). Die genaue Anzahl versteckter Schichten sowie die Knotenanzahl je versteckter Schicht werden im Rahmen von Abschnitt 4.5.3 ermittelt.

Die *Ausgabeschicht* besteht aus vier Knoten, wobei als Aktivierungsfunktion eine Softmax-Funktion (siehe Abschnitt 2.5.4) hinterlegt wird. Jeder Knoten verkörpert eine Lösungsheuristik. Die Ausgabeknoten nehmen Werte im Bereich [0, 1] an und entsprechen in Summe dem Wert 1. Schlussendlich wird für die betrachtete Probleminstanz die Lösungsheuristik ausgewählt, dessen Ausgabeknoten den höchsten Wert aufweist.

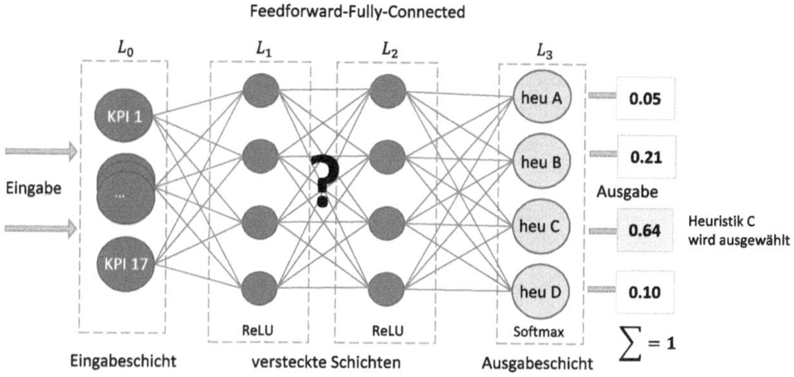

Abbildung 4.7 Aufbau von CLSP-Net

4.5.2 Workflow CLSP-Net

Im Folgenden soll kurz der Arbeitsablauf zum Trainieren und Konfigurieren von CLSP-Net beschrieben werden. Zuallererst sind für jede Probleminstanz der Datensammlung J72T12G24 die in Abschnitt 4.3 vorgestellten KPIs zu berechnen. Gleichzeitig wird jeder Probleminstanz als Label die beste Lösungsheuristik hinzugefügt.

Im Anschluss muss die Trainingsmenge standardisiert werden. Hierbei wird für jede KPI eine unabhängige z-Wert Standardisierung durchgeführt, so dass sich ein Erwartungswert von 0 und eine Standardabweichung von 1 ergibt. Wie bereits in Abschnitt 4.4.3 erläutert, werden die KPIs der Knoten 9, 10 und 11 (Anteil Nachfrage 1., 2., 3. Drittel an Gesamtnachfrage in ZE) im Verbund standardisiert, da anderenfalls die Information über den Nachfrageverlauf verloren gehen würde.

Darauffolgend kann die Testmenge auf Basis der erlernten Parameter der Trainingsmenge (Mittelwert und Standardabweichung der Grundgesamtheit) standardisiert werden. Im weiteren Schritt müssen die Labels (Lösungsheuristiken) mittels

One-hot-Codierung kodiert werden. Dies bedeutet, dass für jede Probleminstanz die beste Heuristik mit einer 1 und die anderen drei Heuristiken mit einer 0 gekennzeichnet werden.

Im Anschluss kann das CLSP-Net trainiert werden. Zur Bewertung der Leistungsfähigkeit von CLSP-Net wird als Erfolgskriterium die Korrektklassifizierungsrate herangezogen. Als Kostenfunktion wird die kategoriale Kreuzentropie (siehe Abschnitt 2.6) hinterlegt. Diese misst die Differenz zwischen der von CLSP-Net ausgegebenen Wahrscheinlichkeitsverteilung und der tatsächlichen Verteilung der Klassenbezeichnungen (hier: Lösungsheuristiken). Als Optimierer wird der RMSProp Algorithmus von Hinton (2012) eingesetzt. Dieser weist eine hohe Konvergenzgeschwindigkeit auf und wird im Deep Learning bevorzugt angewendet (siehe Abschnitt 2.7.3). Abbildung 4.8 veranschaulicht für ein Netz mit einer versteckten Schicht (L_1) mit vier Knoten die Trainingsphase exemplarisch für eine einzelne Probleminstanz.

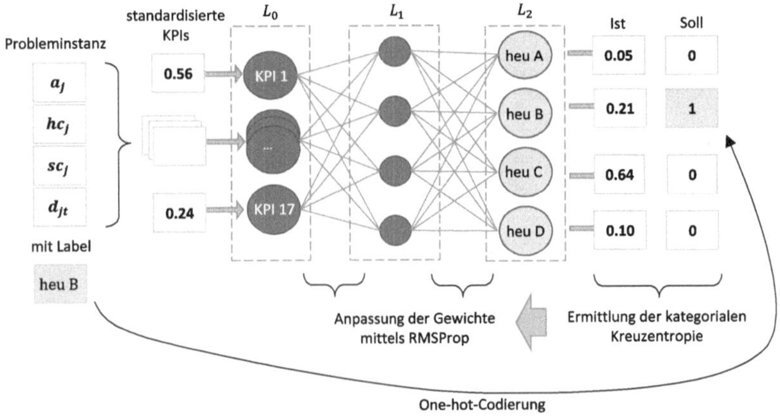

Abbildung 4.8 Training eines zweischichtigen Netzes

Während der Trainingsphase werden die Hyperparameter anhand der Validierungsmenge abgestimmt. Hierbei sind bspw. die Anzahl versteckter Schichten, die Knotenanzahl je versteckter Schicht, die Anzahl an Trainingsepochen oder auch eine evtl. in Frage kommende Regularisierung zu ermitteln. Wie bereits in Abschnitt 2.8.1 erläutert wurde, ist es praktisch unmöglich, alle potentiellen Hyperparameter-Kombinationen zu berücksichtigten und zu evaluieren. Im folgenden Abschnitt 4.5.3 wird daher ausgehend von einem Netz mit einer versteckten

Schicht und vier Knoten versucht, die Leistungsfähigkeit des Netzes durch systematisches Hinzufügen weiterer Knoten (Erhöhung der repräsentativen Modellkapazität) schrittweise zu verbessern. Hierbei wird die Knotenanzahl der versteckten Schicht solange in 2er-Potenzen erhöht bis eine Überanpassung auftritt. Anschließend wird versucht, die Leistungsfähigkeit des Netzes erneut zu verbessern, indem die Überanpassung mit Hilfe eines Regularisierungsverfahrens reduziert wird. Können keine weiteren Verbesserungen erzielt werden, wird dem Netz eine zusätzliche versteckte Schicht hinzugefügt, wobei die Knotenanzahl wieder auf vier Knoten begrenzt wird. Anschließen wird erneut versucht, die Leistungsfähigkeit durch das systematische Hinzufügen weitere Knoten und der Anwendung von Regularisierungsverfahren zu verbessern.

Sobald CLSP-Net fertig konfiguriert ist, erfolgt eine Bewertung der Leistungsfähigkeit anhand der Testmenge, welche für CLSP-Net bisher vollkommen unbekannt ist (siehe Abschnitt 4.6.1).

4.5.3 Hyperparameter Tuning

Die Implementierung von CLSP-Net erfolgt mit Python 3.7 in Verbindung mit der Machine Learning Bibliothek Keras. Als Backend-Engine wird TensorFlow verwendet. Im Rahmen der Abstimmung der Hyperparameter wird das Netz schrittweise vergrößert, bis sich eine Überanpassung einstellt.

Die Abbildung 4.9 zeigt die Performance eines Netzes mit einer versteckten Schicht mit vier Knoten. Die weiteren Konfigurationen können ebenfalls der Abbildung entnommen werden. In der oberen linken Grafik wird die Korrektklassifizierungsrate in Abhängigkeit der Trainingsepoche sowohl für die Trainingsmenge als auch für die Validierungsmenge dargestellt. Das Training erfolgt über 1.000 Epochen.[7] Die untere linke Grafik zeigt den Wert der Kostenfunktion, welcher im Laufe des Trainings minimiert werden soll.

Es kann erkannt werden, dass das sehr kleine Netz bereits nach wenigen Trainingsepochen eine Korrektklassifizierungsrate von über 60 % (Validierung) erreicht. Die höchste Korrektklassifizierungsrate wird in Epoche 400 erzielt und beträgt 75,83 %.

[7] In der durchgeführten Analyse aller getesteten Kombinationen von Hyperparametern ergab die Auswertung der Validierungsmenge, dass bei einer Lernrate von 0,002 und einer Batch-Größe von 512 Instanzen nach 1.000 Epochen keine signifikanten Verbesserungen mehr zu verzeichnen sind. Für eine spezifische Netzkonfiguration wird die optimale Anzahl von Trainingsepochen nach der Methode des Early Stoppings ermittelt (siehe Abschnitt 2.8.4).

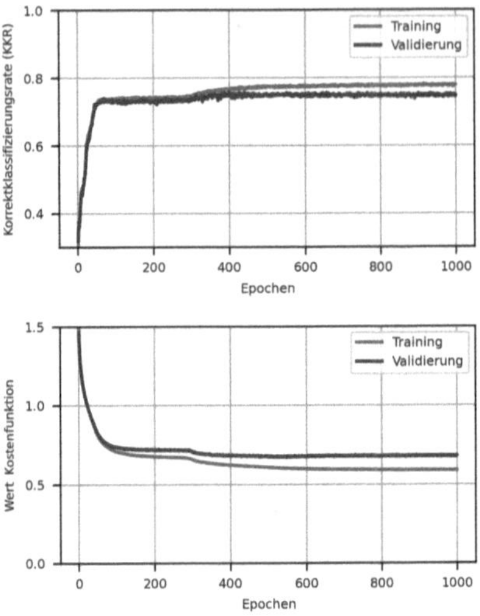

Konfiguration KNN:	
Eingangsknoten	17
Anzahl versteckter Schichten	1
Knotenanzahl je Schicht	4
Aktivierungsfunktion	ReLU
Ausgangsknoten	4
Lernrate	0.002
Chargengröße	512
Höchste KKR Trainingsphase [%]	78.07
Beste Epoche Trainingsphase	915
Trainingszeit [s]	23.4
Höchste KKR Validierungsphase [%]	75.83
Beste Epoche Validierungsphase	400

Abbildung 4.9 Performance CLSP-Net (1 versteckte Schicht, 4 Knoten)

Aufbauend auf dieser ersten Erkenntnis werden dem zweischichtigen Netz systematisch weitere Knoten in der versteckten Schicht hinzugefügt. Es zeigt sich, dass unter Beibehaltung der restlichen Konfiguration (bspw. Anzahl Trainingsepochen usw.) ab einer Knotenanzahl von 64 eine Überanpassung des Netzes an die Trainingsdaten erfolgt. Diese kann mittels einer Dropout-Regularisierung reduziert werden. Hierbei wird bei der Signalweitergabe von versteckter Schicht zur Outputschicht ein zuvor festzulegender Anteil der Werte (Dropout-Quote) zufällig gelöscht (siehe Abschnitt 2.8.4).

Die höchste Korrektklassifizierungsrate bei einem zweischichtigen Netz mit einer versteckten Schicht kann bei einer Knotenanzahl von 128 in Verbindung mit einer Dropout-Regularisierung von 10 % beobachtet werden (siehe Abb. 4.10). Sie beträgt 79,58 % und wird in Epoche 745 erreicht. Weitere Verbesserungen durch eine Erhöhung der Knotenanzahl in Verbindung mit einer entsprechenden Regularisierung können nicht festgestellt werden.

Im Anschluss wird ein dreischichtiges Netz mit zwei versteckten Schichten erstellt. Analog zum Vorgehen beim zweischichtigen Netz wird zunächst die Knotenanzahl auf vier Knoten pro versteckter Schicht begrenzt und dann schrittweise in 2er-Potenzen erhöht. Hierbei kann erkannt werden, dass sich eine Überanpassung bereits ab einer Knotenanzahl von 16 Knoten pro versteckter Schicht einsetzt.

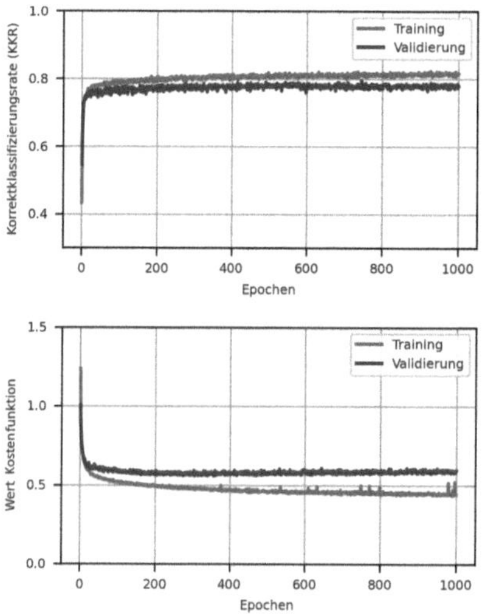

Konfiguration KNN:	
Eingangsknoten	17
Anzahl versteckter Schichten	1
Knotenanzahl je Schicht	128
Aktivierungsfunktion	ReLU
Ausgangsknoten	4
Lernrate	0.002
Chargengröße	512
Dropout-Regularisierung	0.1
Höchste KKR Trainingsphase [%]	82.37
Beste Epoche Trainingsphase	927
Trainingszeit [s]	31.3
Höchste KKR Validierungsphase [%]	79.58
Beste Epoche Validierungsphase	745

Abbildung 4.10 Performance CLSP-Net (1 versteckte Schicht, 128 Knoten)

Abbildung 4.11 zeigt die Performance der besten Konfiguration. Diese umfasst zwei versteckte Schichten mit je 16 Knoten. Außerdem wird beim Training eine Dropout-Regularisierung von 5 % verwendet. Die höchste Korrektklassifizierungsrate wird in Epoche 677 erreicht und beträgt 79,58 %. Damit kann ein ähnlich gutes Ergebnis erzielt werden wie beim zweischichtigen Netz mit 128 Knoten. Allerdings lässt sich erkennen, dass die Korrektklassifizierungsrate beim dreischichtigen Netz im Trainingsverlauf deutlich weniger schwankt und im Durchschnitt etwas höher liegt. Darüber hinaus weist das dreischichtige Netz deutlich weniger zu trainierende Parameter auf (Netzgröße) und ist daher dem zweischichtigen Netz vorzuziehen.

Da sich im Zuge der Validierung zeigt, dass die höchste Korrektklassifizierungsrate in Epoche 677 erzielt wird, wird für die Testphase ein neues Netz mit zwei versteckten Schichten und je 16 Knoten lediglich 677 Epochen trainiert (siehe Early Stopping, Abschnitt 2.8.4). Das Training erfolgt nun anhand der gesamten Trainings- und Validierungsmenge. Anschließend kann das trainierte Netz anhand der Testmenge beurteilt werden (siehe Abschnitt 4.6.1).

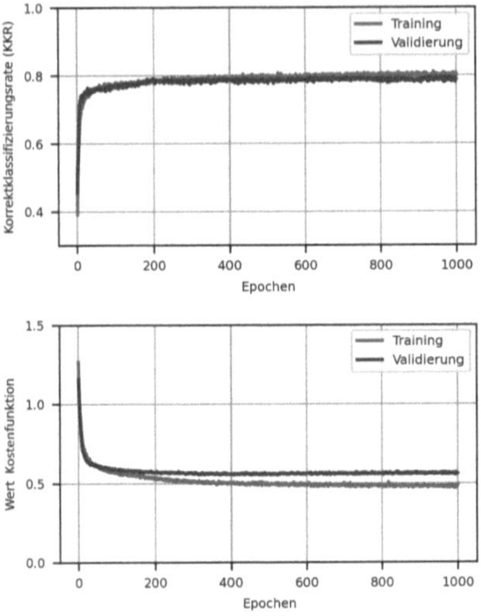

Konfiguration KNN:	
Eingangsknoten	17
Anzahl versteckter Schichten	2
Knotenanzahl je Schicht	16
Aktivierungsfunktion	ReLU
Ausgangsknoten	4
Lernrate	0.002
Chargengröße	512
Dropout-Regularisierung	0.05
Höchste KKR Trainingsphase [%]	81.04
Beste Epoche Trainingsphase	940
Trainingszeit [s]	28.3
Höchste KKR Validierungsphase [%]	79.58
Beste Epoche Validierungsphase	677

Abbildung 4.11 Performance CLSP-Net (2 versteckte Schichten, 16 Knoten)

4.6 Numerische Studie

In diesem Kapitel werden die zuvor vorgestellten Prognoseansätze im Rahmen einer numerischen Studie getestet und bewertet. Abschnitt 4.6.1 zeigt die Ergebnisse für kleine Testinstanzen der Datensammlung J72T12G24. In Abschnitt 4.6.2 wird überprüft, ob sich die Prognosemethoden (insbesondere CLSP-Net) ohne eine erneute Trainingsphase auch auf deutlich größere Probleminstanzen anwenden lassen. Zum Abschluss wird in Abschnitt 4.6.3 aufgezeigt, welcher Zeitaufwand mit der Erstellung von CLSP-Net und dessen Verwendung im Rahmen der Prognose der besten Lösungsheuristik einhergeht.

4.6.1 Testergebnisse der kleinen Probleminstanzen

Im Folgenden werden die fünf vorgestellten Prognosemethoden zur Auswahl der besten Lösungsheuristik anhand der Testmenge mit Hilfe der Korrektklassifizierungsrate bewertet. Die Testmenge umfasst 2.400 Probleminstanzen und wurde nicht zum Training oder zur Validierung der Prognosemethoden verwendet. Bei manchen Prognosemethoden wird zur Auswahl der Lösungsheuristik zufällig aus einer (gleichmäßigen oder empirischen) Verteilung gezogen. Um das statistische Rauschen zu beseitigen und repräsentative Testergebnisse zu erhalten, werden für jede dieser Methoden 50 Testläufe durchgeführt. Anschließend werden neben dem Mittelwert auch die Standardabweichung sowie die Maxima und Minima dieser Testmuster angegeben. Die Ergebnisse können Tabelle 4.11 entnommen werden.

Tabelle 4.11 Testergebnisse – »kleine« Probleminstanzen

KKR [%]	Gleichverteilung*	non-conditional emp. dist.*	Regel-basierte Methode			conditional emp. dist.*	CLSP-Net
			Regel 1	Regel 2	Regel 3		
mean	25,05	33,13	44,21	44,71	45,13	70,63	78,04
std.	0,96	0,78	–	–	–	0,55	–
max.	26,42	34,83	–	–	–	72,00	–
min.	22,33	30,58	–	–	–	69,58	–

* Ergebnisse aus 50 Testläufen.

Die einfachste Prognosemethode (zufällige Auswahl gemäß einer Gleichverteilung) erzielt nach 50 Testläufen eine durchschnittliche Korrektklassifizierungsrate von 25,05 %, wobei die höchste Rate mit 26,42 % und die niedrigste Rate mit 22,33 % beobachtet werden kann. Wird demgegenüber die Auswahl der Lösungsheuristik gemäß der in der Datensammlung enthaltenen Verteilung zufällig gezogen (»non-conditional empirical distribution«), verbessert sich die durchschnittliche Korrektklassifizierungsrate um knapp 11 %-Punkte auf 33,13 %. Die Bandbreite der Korrektklassifizierungsraten der einzelnen Testläufe reicht hierbei von 30,58 % bis 34,83 %.

Der regel-basierte Prognoseansatz erreicht eine Korrektklassifizierungsrate von über 45 % (Regel 3) und zeigt, dass bereits durch die Identifizierung von einzelnen Mustern und das Ableiten von einfachen Auswahlregeln erhebliche Verbesserungen erzielt werden können. Die Leistungsfähigkeit der drei beispielhaft vorgeschlagenen Regeln unterscheidet sich nur geringfügig.

Bezüglich des Prognoseansatzes »conditional empirical distribution« konnte im Zuge der Validierungsphase die Kombination der KPIs »durchschnittliches Verhältnis aus Rüst- und Lagerkosten« (1. KPI), »Steigung der Regressionsgeraden« (2. KPI), »Standardabweichung der Auslastung« (3. KPI) und »minimale kumulierte Auslastung« (4. KPI) in Verbindung mit einer Klassenanzahl von sechs die höchste Korrektklassifizierungsrate erzielen. Auf die Testmenge angewendet, erreicht diese

Kombination eine durchschnittliche Rate von 70,63 %. Diese ist um knapp 2,5 %-Punkte geringer als die in der Validierungsphase erzielte Rate.

Die höchste Korrektklassifizierungsrate kann mit Hilfe von CLSP-Net erzielt werden. Das KNN erreicht für die Testmenge eine Rate von 78,04 % (siehe Abb. 4.12). Diese liegt lediglich 1,5 %-Punkte unter der im Rahmen der Validierung festgestellten Korrektklassifizierungsrate.

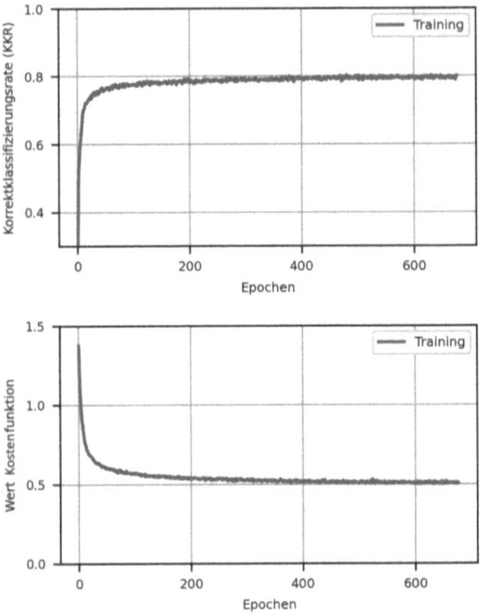

Konfiguration KNN:	
Eingangsknoten	17
Anzahl versteckter Schichten	2
Knotenanzahl je Schicht	16
Aktivierungsfunktion	ReLU
Ausgangsknoten	4
Lernrate	0.002
Chargengröße	512
Dropout-Regularisierung	0.05
Höchste KKR Trainingsphase [%]	80.21
Beste Epoche Trainingsphase	481
Trainingszeit [s]	11.7
Höchste KKR Testphase [%]	78.04
Wert der Kostenfunktion Testphase	0.53

Abbildung 4.12 Testergebnis finales CLSP-Net (2 versteckte Schichten, 16 Knoten)

Es kann festgehalten werden, dass die Leistungsfähigkeit der ersten vier Prognosemethoden teilweise sehr deutlich unter der Leistungsfähigkeit von CLSP-Net liegt. Fraglich ist, ob die Leistungsfähigkeit der Prognosemethode »conditional empirical distribution« durch eine Kombination von fünf oder mehr KPIs auf über 78,04 % (CLSP-Net) verbessert werden kann.

Ein großes Problem bei der Prognosemethode »conditional empirical distribution« ist der hohe Rechenaufwand, welcher bei der Prüfung aller KPI-Kombinationen entsteht. Je mehr Kategorien und damit Häufigkeitsverteilungen erzeugt werden müssen, desto höher ist zudem der Rechenaufwand je KPI-Kombination. Die Rechenzeit für das Experiment mit vier KPIs und sechs Klassen je KPI beträgt trotz Fixierung der ersten KPI bereits über 5 Stunden.

Ein weiterer Nachteil kann in Experiment »4 KPI / 9 Klassen« erkannt werden, bei welchem in der Validierungsphase im besten Fall lediglich eine Korrektklassifizierungsrate von 66,6 % erzielt wird (siehe Tabelle 4.9). Grund hierfür ist, dass bei diesem Experiment mehr Kategorien abgeleitet werden, als es Probleminstanzen in der Trainingsmenge gibt. Folglich kann nicht in jeder Kategorie eine Häufigkeitsverteilung erfasst werden. Um dieses Problem zu beheben, sind mehr Trainingsdaten notwendig. Folglich kann festgehalten werden, dass die Leistungsfähigkeit der Prognosemethode »conditional empirical distribution« eng mit der Größe des Trainingsdatensatzes zusammenhängt, wobei der Rechenaufwand sehr schnell unzumutbar wird.

4.6.2 Leistungsbeurteilung für große Probleminstanzen

Im Folgenden soll überprüft werden, ob die beste Prognosemethode CLSP-Net sowie die restlichen vorgestellten Prognosemethoden ohne erneuter Trainingsphase in der Lage sind, deutlich größere Probleminstanzen vergleichsweise gut zu klassifizieren.

Es wird daher eine neue Datensammlung (J108T18G36) erzeugt, deren Probleminstanzen 108 Produkte, 18 Perioden und 36 Produktfamilien enthalten. Folglich sind die neuen Probleminstanzen bezüglich der Problemgröße mehr als doppelt so groß (Faktor: 2,25) als die für das Training herangezogenen Probleminstanzen der Datensammlung J72T12G24. Die Probleminstanzen selbst werden nach den gleichen Kriterien erzeugt wie die Probleminstanzen der Datensammlung J72T12G24 (siehe Abschnitt 4.1.2). Von jeder Problemkategorie (U, D, SC) werden jeweils 10 Probleminstanzen erstellt, so dass die Datensammlung 360 Probleminstanzen enthält.[8]

Zur Bewertung der Prognosemethoden werden die Instanzen der Datensammlung J108T18G36 mit den in Abschnitt 3.4 aufgezeigten Lösungsheuristiken gelöst und mit der am besten funktionierenden Lösungsheuristik markiert. Auf diese Weise ist es möglich, eine Korrektklassifizierungsrate zu ermitteln. An dieser Stelle sei nochmal angemerkt, dass die Datensammlung J108T18G36 nicht zum Training oder zur Validierung verwendet wird und diese somit für jede der Prognosemethoden völlig unbekannt ist. Bevor mit der Klassifizierung mittels der Methoden »Regel-basiert«, »conditional empirical distribution« und »CLSP-Net« gestartet werden kann, sind für jede Probleminstanz die in Abschnitt 4.3 abgeleiteten KPIs

[8] Die exakten Werte zur Erzeugung der Modellparameter können dem Anhang B im elektronischen Zusatzmaterial entnommen werden.

zu ermitteln. Anschließend sind diese gemäß der im Zuge der Standardisierung der Datensammlung J72T12G24 erlernten Parameter zu standardisieren.

Tabelle 4.12 enthält die Testergebnisse für die Datensammlung J108T18G36. Während die Korrektklassifizierungsrate der beiden Prognosemethoden »equal distribution« und »non-conditional empirical distribution« im Vergleich zu den kleineren Probleminstanzen nahezu identisch ist, können beim regel-basierten Ansatz deutliche Unterschiede festgestellt werden. Sowohl Regel 2 als auch Regel 3 erzielen mit 50 % eine um ca. 5 %-Punkte höhere Korrektklassifizierungsrate. Gleichzeitig verschlechtert sich Regel 1 um ca. 1 %-Punkt auf 43,06 %. Auch die Prognosemethode »conditional empirical distribution« verschlechtert sich um ca. 2 %-Punkte auf 68,70 %.

Tabelle 4.12 Testergebnisse – »große« Probleminstanzen

KKR [%]	Gleichverteilung*	non-conditional emp. dist.*	Regel-basierte Methode			conditional emp. dist.*	CLSP-Net
			Regel 1	Regel 2	Regel 3		
mean	25,08	33,80	43,06	50,00	50,28	68,70	78,61
std.	2,02	2,37	–	–	–	1,66	–
max.	29,72	38,61	–	–	–	72,50	–
min.	19,72	28,89	–	–	–	64,72	–

* Ergebnisse aus 50 Testläufen.

In Tabelle 4.13 sind die Korrektklassifizierungsraten von CLSP-Net für die Datensammlung J108T18G36 in Abhängigkeit der Lösungsheuristik dargestellt. Analog zu Tabelle 4.4 wird mit *best [no.]* die Anzahl der Probleminstanzen angegeben, die mit der jeweiligen Heuristik am besten gelöst werden. Demgegenüber beschreibt *correct [no.]* die Anzahl der Probleminstanzen, die von CLSP-Net der jeweiligen Heuristik richtig zugeordnet werden.

Tabelle 4.13 KKR CLSP-Net – Datensammlung J108T18G36

	Lambrecht & Vanderveken	Dixon & Silver	Dogramaci et al.	Günther	alle
best [no.]	2	140	133	85	360
correct [no.]	0	106	118	59	283
KKR [%]	0,00	75,71	88,72	69,41	78,61

Wie in Tabelle 4.13 ersichtlich, ist CLSP-Net auch bei deutlich größeren und bisher unbekannten Probleminstanzen in der Lage, eine Korrektklassifizierungsrate von 78,61 % (*alle*) zu erzielen. Diese liegt sogar marginal über der bei der Datensammlung J72T12G24 erzielten Korrektklassifizierungsrate von 78,04 %. Außerdem kann erkannt werden, dass CLSP-Net Probleminstanzen mit dem Label »Dogramaci et al.« besonders gut erkennt (KKR: 88,72 %), während Probleminstanzen mit dem Label »Lambrecht & Vanderveken« gar nicht erkannt werden. Dies ist nicht verwunderlich, da sich kaum Probleminstanzen mit dem Label »Lambrecht & Vanderveken« in der Trainingsmenge befinden und sich CLSP-Net folglich nur bedingt an diese Art von Probleminstanzen anpassen konnte.

Zusammenfassend kann festgehalten werden, dass die in Abschnitt 4.3 identifizierten KPIs es erlauben, Erfahrungen, die anhand kleiner Probleminstanzen gemacht wurden, auf unbekannte Probleminstanzen von wesentlich größerer Größe zu übertragen.

4.6.3 Laufzeiten großer Probleminstanzen

In diesem Kapitel soll aufgezeigt werden, ob tatsächlich Rechenzeit durch die Prognose der besten Lösungsheuristik mittels CLSP-Net im Vergleich zum Ausprobieren aller verfügbaren Heuristiken eingespart werden kann. Hierzu ist es zunächst notwendig, den durch CLSP-Net verursachten Zeitaufwand zu erfassen und einzuordnen.

Bei der Erfassung des Zeitaufwandes von CLSP-Net müssen folgende Teilaufgaben unterschieden werden (siehe Tabelle 4.14). Bevor CLSP-Net zur Prognose eingesetzt werden kann, muss das KNN konfiguriert und trainiert werden. Die benötigte Zeit zur Konfiguration von CLSP-Net (Abstimmung der Hyperparameter, wie z. B. Anzahl versteckter Schichten, Knotenanzahl, Regularisierung usw.) ist vom Anwender abhängig und kann nur pauschal geschätzt werden. Im Folgenden wird angenommen, dass zur Identifizierung einer geeigneten Konfiguration für CLSP-Net eine Stunde benötigt wird. Dabei ist anzumerken, dass die bei jeder zu testenden Konfiguration erforderliche Trainingszeit in etwa 30 Sekunden beträgt (siehe Abbildungen 4.9, 4.10 und 4.11).[9]

Darüber hinaus ist zum Training, zur Validierung und zum Testen von CLSP-Net eine entsprechende Datensammlung erforderlich, welche zuvor erzeugt werden

[9] Im Vergleich dazu benötigt die Trainingsphase der Prognosemethode »conditional empirical distribution« für die Kombination von 4 KPIs und einer Klassenanzahl von sechs zwischen 5–6 Stunden.

Tabelle 4.14 Zeitaufwand – CLSP-Net

Einmaliger Zeitaufwand:

Aufgabe		**Laufzeit [s]**
Ermittlung der besten Lösungsheuristik		218.232
Berechnung & Standardisierung der KPIs		602
Konfiguration & Validierung CLSP-Net		3.600
↳ Trainingszeit je Konfiguration	≈ 30	
		222.434

Zeitaufwand je Probleminstanz:

Aufgabe	**Laufzeit [s]**
Berechnung & Standardisierung der KPIs	1,57
Prognose mit CLSP-Net	0,10
Lösen mit ausgewählter Heuristik	???
	1,67

muss. Hierbei müssen für jede Probleminstanz alle verfügbaren Lösungsheuristiken ausgeführt werden, um anschließend die beste Lösungsheuristik identifizieren und als Label hinterlegen zu können. Die für CLSP-Net verwendete Datensammlung J72T12G24 umfasst 7.200 Instanzen. Werden die Lösungsheuristiken auf die Instanzen der Datensammlung J72T12G24 angewendet, beträgt die durchschnittliche Rechenzeit für die Heuristik von Lambrecht und Vanderveken (1979) 0,21 Sekunden, für Dixon und Silver (1981) 1,34 Sekunden, für Dogramaci et al. (1981) 28,15 Sekunden und für die Heuristik von Günther (1987) 0,61 Sekunden (siehe Tabelle 4.4). Damit ergibt sich für die Ermittlung der besten Lösungsheuristik ein Zeitaufwand von insgesamt 218.232 Sekunden (= 7.200 · (0,21 + 1,34 + 28,15 + 0,61)).

Zur endgültigen Erstellung der Trainings-, Validierungs- und Testdatensammlung sind darüber hinaus für jede Instanz alle KPIs zu berechnen und zu standardisieren. Hierfür werden weitere 602 Sekunden benötigt. In Summe ergibt sich für die Erstellung von CLSP-Net ein einmaliger Zeitaufwand von 222.434 Sekunden (61–62 Stunden).

Die Rechenzeit für die Lösung einer unbekannten Probleminstanz mit CLSP-Net in Kombination mit der ausgewählten Heuristik setzt sich wie folgt zusammen (siehe Tabelle 4.14). Zunächst sind alle KPIs zu berechnen und gemäß der Trainingsdatensammlung zu standardisieren. Für eine sehr große Probleminstanz der

Größe $J = 288$ und $T = 48$ dauert dies ca. 1,57 Sekunden.[10] Die anschließende Prognose der besten Lösungsheuristik mittels CLSP-Net benötigt hingegen in etwa 0,1 Sekunden, weshalb sich ein gesamter Zeitaufwand von 1,67 Sekunden ergibt. Hinzu kommt die Rechenzeit der prognostizierten Lösungsheuristik, welche jedoch auch unabhängig vom Einsatz von CLSP-Net anfallen würde.

Es kann demnach festgehalten werden, dass der Einsatz von CLSP-Net zur Auswahl einer Lösungsheuristik die Lösungszeit für eine sehr große Probleminstanz nur um wenige Sekunden (< 2) erhöht. Auf der anderen Seite wird auch deutlich, dass die Erstellung von CLSP-Net (insbesondere die Erzeugung der Trainings,- Validierungs- und Testdatensammlung) sehr viel Zeit in Anspruch nimmt.

In Abbildung 4.13 sind die Rechenzeiten für die betrachteten Lösungsheuristiken sowie für den Solver Gurobi (mipgap = 0,1 %) in Abhängigkeit der Problemgröße dargestellt. Zur Ermittlung der Rechenzeiten wurden für jede Problemgröße 10 Probleminstanzen der Szenarien-Kombination U2-SC2-D2 gelöst und deren Berechnungszeiten gemittelt. Die Instanzen der Datensammlung J72T12G24 dienen als Referenzwert für die Problemgröße, die dann verdoppelt, verdreifacht, usw. wird.

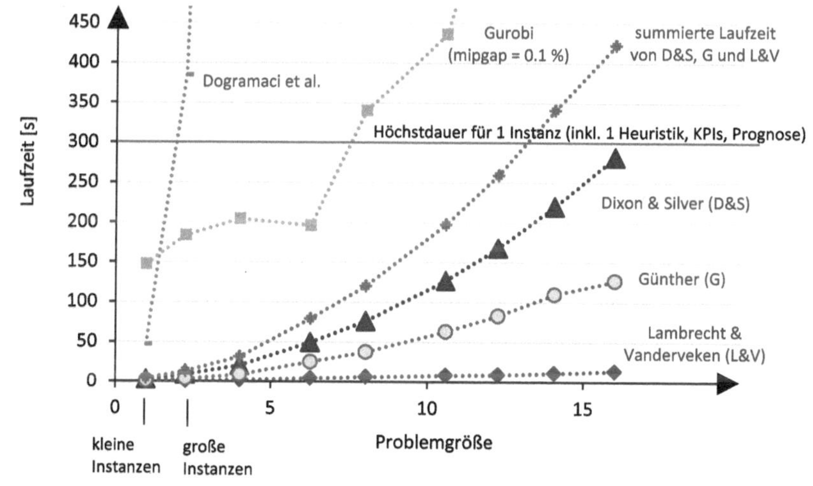

Abbildung 4.13 Laufzeiten in Abhängigkeit der Problemgröße (U2-SC2-D2)

[10] Die hier betrachtete Problemgröße ist um den Faktor 16 größer als die Problemgröße der Instanzen der Trainingsdatensammlung J72T12G24.

Im Folgenden wird angenommen, dass die gesamte Lösungszeit für eine Probleminstanz der Szenarien-Kombination U2-SC2-D2 nicht mehr als 300 Sekunden betragen darf. Da die Heuristik von Dogramaci et al. bereits bei einer Problemgröße von 2 eine durchschnittliche Rechenzeit von über 350 Sekunden benötigt, scheidet diese für sehr große Probleminstanzen des Typs U2-SC2-D2 als Lösungsheuristik aus. Gurobi hingegen kann die Zeitvorgabe bis zu einer Problemgröße von 7 im Durchschnitt einhalten, wobei die Rechenzeit in Abhängigkeit der zu lösenden Instanz sehr stark schwankt. Die restlichen Lösungsheuristiken weisen selbst bei einer Problemgröße von 16 eine durchschnittliche Rechenzeit von unter 300 Sekunden auf. Die gestrichelte Linie mit den Rauten stellt die aufsummierte Rechenzeit der Heuristiken von Dixon & Silver, Günther und Lambrecht & Vanderveken dar.

Es kann erkannt werden, dass bis zu einer Problemgröße von 12 theoretisch alle drei Lösungsheuristiken ohne eine Verletzung der Zeitvorgabe verglichen werden können, um anschließend die beste Heuristik auszuwählen. Ab einer Problemgröße von 13 ist ein Ausprobieren der drei Heuristiken unter Einhaltung der Zeitvorgabe nicht mehr möglich, weshalb sich der Anwender für eine der Lösungsheuristiken entscheiden muss. An dieser Stelle muss mit Hilfe von CLSP-Net die beste Lösungsheuristik mit einer Korrektklassifizierungsrate von knapp 78 % ausgewählt werden. Darüber hinaus ist der Einsatz von CLSP-Net auch für deutlich kleinere Probleminstanzen vorteilhaft, da die Prognose mit CLSP-Net nur wenige Sekunden (< 2) dauert und im Vergleich zum Testen aller Heuristiken Rechenzeit eingespart werden kann. Die Höhe der Einsparung hängt von der betrachteten Probleminstanz ab und kann nicht pauschal angegeben werden.

Problematisch an der derzeitigen Konfiguration von CLSP-Net für den in Abbildung 4.13 beschriebenen Anwendungsfall ist, dass die beste Lösungsheuristik für eine bestimmte Art von Probleminstanz ohne Beachtung der benötigten Rechenzeit prognostiziert wird. Wie in Abbildung 4.13 erkennbar, überschreitet die Lösungsheuristik von Dogramaci et al. für Probleminstanzen des Typs U2-SC2-D2 bereits ab einer Problemgröße von 2 die Laufzeitvorgabe von 300 Sekunden. Da CLSP-Net keine Rechenzeiten berücksichtigt, kann bei der Prognose für Instanzen mit einer Problemgröße von 2 und größer auch die Heuristik von Dogramaci et al. als beste Lösungsheuristik ausgewählt werden, so dass die Zeitvorgabe nicht eingehalten werden würde. Wenn sich dies als entscheidend erweist, sollten die Trainingsdaten hinsichtlich der Problemgröße unterschiedlich groß sein, damit auch die Rechenzeiten grob abgeschätzt werden können. Da CLSP-Net die Wahrscheinlichkeit aller Heuristiken ausgibt und sich damit eine Rangordnung ergibt (siehe Abbildung 4.7, Ausgabeschicht), kann dann unter den zeitlich realisierbaren Heuristiken die gemäß der Rangordnung beste Lösungsheuristik ausgewählt werden.

Zusammenfassung und Ausblick 5

Im folgenden Abschnitt 5.1 werden die Ergebnisse zusammengefasst und die in der Einleitung aufgeworfenen Forschungsfragen beantwortet. Im Anschluss gibt Abschnitt 5.2 einen kurzen Ausblick.

5.1 Zusammenfassung

Es wurden fünf verschiedene Prognoseverfahren zur Auswahl der besten Lösungsheuristik in Abhängigkeit der Charakteristiken der betrachteten Probleminstanz für das Capacitated Lotsizing Problem (CLSP) vorgestellt. Das CLSP befasst sich mit dem Problem der Bestimmung von Losgrößen auf einer Produktionslinie, wenn Produktionszeiten die begrenzte Kapazität der Produktionslinie reduzieren, eine deterministische, dynamische Nachfrage ohne Nachlieferung befriedigt werden muss und Rüst- und Lagerhaltungskosten minimiert werden sollen.

Zum Training und zur Validierung der Prognoseverfahren wurde eine umfangreiche Datensammlung (J72T12G24) erstellt, welche die Losgrößenplanung eines fiktiven Reifenherstellers betrachtet. Die Datensammlung J72T12G24 berücksichtigt sechs verschiedene Nachfrageszenarien, zwei Szenarien hinsichtlich der Auslastung und drei verschiedene Szenarien bezüglich des Verhältnisses aus Rüst- und Lagerkosten. Die Datensammlung umfasst insgesamt 7.200 »kleine« Probleminstanzen, die aufgrund der Kombination von Szenarien sehr unterschiedliche Charakteristiken aufweisen. Alle 7.200 Probleminstanzen wurden mit den Heuristiken von Lambrecht und Vanderveken (1979), Dixon und Silver (1981), Dogramaci et al. (1981) und Günther (1987) gelöst.

J. Kärcher, *Untersuchung von Machine-Learning-Verfahren zur Lösung von Losgrößenproblemen*, Produktion und Logistik,
https://doi.org/10.1007/978-3-658-49153-6_5

Die in der Arbeit vorgestellten Prognoseverfahren werden zwar auf Basis kleiner Probleminstanzen trainiert, sind jedoch so konzipiert, dass sie ohne zusätzliche Trainingsphase problemlos für größerer Probleminstanzen eingesetzt werden können. Diese Flexibilität und Skalierbarkeit der Verfahren resultiert insbesondere aus der Verwendung relativer, relevanter und schnell berechenbarer Key Performance Indikatoren (KPI).

Um die Haupt-Forschungsfrage zu beantworten, ob Machine Learning dabei helfen kann, die beste Heuristik für eine einzelne Probleminstanz des CLSP vorherzusagen, müssen zunächst die Teilfragen TF1–TF4 beantwortet werden.

TF1: Dominiert eine Heuristik in allen Situationen, so dass es überhaupt kein Algorithm Selection Problem gibt?

Die Ergebnisse zeigen, dass die Lösungsheuristiken in Abhängigkeit der Charakteristiken der jeweiligen Probleminstanz unterschiedliche Lösungsqualitäten aufweisen und keine der Heuristiken die restlichen Heuristiken dominiert. Folglich kann Forschungsfrage TF1 verneint werden.

TF2: Welche Prognosemethode ist die Beste in Bezug auf Genauigkeit?

Der beste erkannte Ansatz zur Auswahl der besten Lösungsheuristik in Abhängigkeit der Charakteristiken der betrachteten Probleminstanz beruht auf einem neuronalen Netz mit zwei versteckten Schichten (CLSP-Net). Als Input werden CLSP-Net 17 KPIs übergeben, welche zuvor für jede Probleminstanz zu berechnen sind. Die Verwendung von »relativen« KPIs stellt sicher, dass CLSP-Net auf unterschiedlich große Problemgrößen angewendet werden kann, da die Anzahl zu ermittelnder KPIs von der Problemgröße unabhängig ist und folglich keine Anpassungen an der Netzstruktur von CLSP-Net notwendig sind. Als Output ermittelt CLSP-Net für jede der vier Heuristiken eine Wahrscheinlichkeit, wobei die Heuristik mit dem höchsten Wert auszuwählen ist. Die numerischen Tests zeigen, dass CLSP-Net nach dem Training für die Testmenge der Datensammlung J72T12G24 eine Korrektklassifizierungsrate von 78 % erzielt.

Die nächstbeste Alternative stellt die Prognosemethode »conditional empirical distribution« dar, welche auf empirische Häufigkeitsverteilungen basiert. Als beste Konfiguration konnte die Verwendung von vier KPIs in Verbindung mit einer Klassenanzahl von sechs identifiziert werden. Die KPIs »durchschnittliches Verhältnis Rüst- und Lagerkosten« (1. KPI), »Steigung der Regressionsgeraden« (2. KPI), »Standardabweichung der Auslastung« (3. KPI) und »minimale kumulierte

Auslastung« (4. KPI) erreichen in der Testmenge eine durchschnittliche Korrektklassifizierungsrate von 70 %.

Die restlichen Prognosemethoden erzielen deutlich schlechtere Ergebnisse. Während der regel-basierte Ansatz noch eine Korrektklassifizierungsrate von bis 45 % erreicht, generiert ein zufälliges Ziehen gemäß der in den Daten enthaltenen Wahrscheinlichkeitsverteilung eine durchschnittliche Korrektklassifizierungsrate von 33 % und ein zufälliges Ziehen gemäß einer Gleichverteilung eine durchschnittliche Korrektklassifizierungsrate von lediglich 25 %.

TF3: Können die für kleine Probleminstanzen gewonnenen Erkenntnisse auf größere Probleminstanzen übertragen werden?

Mit der Datensammlung J108T18G36 wurde eine weitere Datensammlung erstellt, die um 125 % größere Probleminstanzen enthält als die Datensammlung J72T12G24. Hervorzuheben ist, dass keine der Prognosemethoden auf Basis solcher großen Probleminstanzen trainiert wurden. Die numerischen Tests zeigen, dass CLSP-Net ohne erneuter Trainingsphase eine vergleichbare Korrektklassifizierungsrate von 78 % erzielt. Im Gegensatz dazu kann bei der Prognosemethode »conditional empirical distribution« ein Leistungsverlust von etwa 2 %-Punkten und bei der regelbasierten Methode eine Verbesserung von etwa 5 %-Punkten festgestellt werden. Die restlichen zwei Prognosemethoden erreichen eine ähnlich schlechte Korrektklassifizierungsrate wie im Fall von kleinen Probleminstanzen.

Es kann daher festgehalten werden, dass es möglich ist, ein künstliches neuronales Netz (KNN) auf Basis von kleinen Probleminstanzen zu trainieren, um es anschließend ohne signifikanten Leistungsverlust auf größere Probleminstanzen anzuwenden. Diese Erkenntnis beruht jedoch auf der Voraussetzung, dass die größeren Probleminstanzen ähnliche Muster aufweisen wie die kleineren Probleminstanzen der Trainingsmenge.

TF4: Was spricht dagegen, statt einer Prognose der besten Lösungsheuristik alle Heuristiken auszuführen und die beste Lösung auszuwählen?

Bei sehr großen Probleminstanzen würde es bis zu 450 Sekunden dauern, alle vier Heuristiken auszuführen und die beste auszuwählen. Mit Hilfe von CLSP-Net kann die beste Heuristik mit einer Wahrscheinlichkeit von etwa 78 % in weniger als 2 Sekunden prognostiziert werden. Anschließend werden durchschnittlich 112 Sekunden (= 450/4) benötigt, um die prognostizierte Heuristik auszuführen. Dies zeigt, dass im Vergleich zum Testen aller Heuristiken unabhängig von der Problemgröße Berechnungszeit eingespart werden kann.

Es zeigt sich aber auch, dass insbesondere die Erstellung der Trainingsmenge sehr zeitintensiv ist. Der Zeitaufwand für die Konfiguration von CLSP-Net ist natürlich vom Benutzer abhängig, wobei die reine Trainingszeit pro Konfiguration nur 30 Sekunden beträgt. Für die durchgeführten Experimente wurde insgesamt ein einmaliger Zeitaufwand von mehr als 61 Stunden gemessen. Der variablen Zeit einer einzelnen Prognose steht also die fixe Zeit für die Generierung und Lösung der Testumgebung und für das Design und Training des KNN gegenüber. Ein solches Verfahren ist nur dann sinnvoll, wenn ausreichend Zeit für die Vorbereitung des Planungsproblems vorhanden ist, aber nur wenig Zeit, wenn sich ein bestimmter Problemfall konkretisiert. Vielversprechende Beispiele für solche Situationen sind die Online- bzw. Echtzeit-Planung oder iterative Heuristiken wie die lokale Suche oder Dekompositionsverfahren, die in jeder Iteration geeignete instanzspezifische Regeln auswählen müssen.

Es wurde für ein Losgrößenproblem nachgewiesen, dass es mit Hilfe eines neuronalen Netzes, eines überwachten Lernansatzes und der vorgeschlagenen KPIs möglich ist, die beste Lösungsheuristik in Abhängigkeit der Charakteristiken des betrachteten Problems zu identifizieren. Deshalb kann die Haupt-Forschungsfrage grundsätzlich bejaht werden. Es ist zudem hervorzuheben, dass die Grundidee, mit Hilfe weniger, klug gewählter, relevanter und relativer KPIs auf vielen, aber kleinen, repräsentativ generierten Probleminstanzen zu lernen, um geeignete Algorithmen für unbekannte größere Probleminstanzen auszuwählen, grundsätzlich eine breite Anwendbarkeit für andere ASPs als das CLSP-ASP finden kann.

Für den in dieser Arbeit betrachteten Anwendungsfall kann festgestellt werden, dass die derzeitige Konfiguration von CLSP-Net noch Verbesserungspotenzial aufweist. Zum Beispiel ist CLSP-Net derzeit nicht in der Lage, die beste Lösungsheuristik unter Beachtung einer Zeitvorgabe zu prognostizieren. Dies kann jedoch erforderlich sein, wenn sich die zur Verfügung stehenden Lösungsheuristiken hinsichtlich der Laufzeit in Abhängigkeit der Problemgröße und des Problemtyps sehr unterschiedlich verhalten und nicht sichergestellt ist, dass alle Heuristiken in der vorgegebenen Zeit eine Lösung ermitteln können (siehe Bsp. in Abbildung 4.13).

Weitere Limitationen des Lernansatzes sind darin zu sehen, dass zum Training von CLSP-Net eine große Menge an Trainingsdaten benötigt wird, die in der Realität nicht immer zur Verfügung stehen. Außerdem ist die erzielte Korrektklassifizierungsrate von CLSP-Net im Vergleich zur Leistung von anderen Netzen, die für ein ASP angewendet werden (vgl. bspw. Smith-Miles et al., 2010), eher als gering zu bewerten.

Schlussendlich ist das CLSP als Untersuchungsgegenstand nur bedingt geeignet, um das Potenzial eines KNN zur Prognose der besten Lösungsheuristik aufzuzeigen. Wird für die in Abbildung 4.13 betrachteten Probleminstanzen Gurobi mit einem mipgap von bspw. 0,5 % statt 0,1 % verwendet, liegt Gurobi hinsichtlich der Rechenzeit für alle Problemgrößen deutlich unter der aggregierten Rechenzeit der Heuristiken von Dixon & Silver, Günther und Lambrecht & Vanderveken. Zusätzlich würde Gurobi hinsichtlich der Lösungsgüte alle Heuristiken dominieren. Folglich läge kein Auswahlproblem vor und der Einsatz von CLSP-Net wäre nicht zwingend erforderlich. Werden jedoch deutlich komplexere Losgrößenprobleme betrachtet, für die auch exakte Lösungsverfahren in angemessener Zeit keine guten Lösungen finden können, stellt die Prognose der besten Lösungsheuristik mittels eines KNN in Verbindung mit den vorgestellten KPIs eine sinnvolle und zeitsparende Alternative dar.

5.2 Ausblick

Eine wichtige Komponente des vorgestellten Lernansatzes ist der Einsatz von relevanten und relativen KPIs. In Bezug auf das in dieser Arbeit betrachtete CLSP-ASP sollte daher genauer analysiert werden, welche der vorgeschlagenen KPIs wichtig und welche weniger wichtig sind. Im Zuge der Validierungphase der Prognosmethode »conditional empirical distribution« (siehe Abschnitt 4.4.3) konnten bereits erste Erkenntnisse über die Eignung der vorgeschlagenen KPIs gewonnen werden (z. B. scheinen die KPIs 17, 4 und 12 sehr wichtig zu sein). Weitere Einblicke könnten mit Hilfe eines Entscheidungsbaumverfahrens erlangt werden. Ein erster Erklärungsansatz auf Basis eines Entscheidungsbaumes ist für die in dieser Arbeit betrachteten KPIs bei Visentin et al. (2024) zu finden. Außerdem erscheint es sinnvoll zu sein, weitere KPIs zu entwickeln, um auf diese Weise die Korrektklassifizierungsrate zu verbessern. Eine möglicherweise geeignete Ergänzung zur KPI 17 könnte die durchschnittliche optimale Zykluszeit gemäß Economic Order Quantity[1] und deren Streuung sein.

Zudem sollte untersucht werden, wie das erkannte Problem im Falle einer Zeitvorgabe gelöst werden kann. Ein möglicher Lösungsansatz könnte sein, statt der besten Lösungsheuristik eine Rangfolge der Heuristiken gemäß ihrer Lösungsgüte zu prognostizieren. Werden parallel dazu auch die Rechenzeiten für alle verfügbaren Heuristiken anhand eines zweiten neuronalen Netzes prognostiziert, kann in Abhängigkeit der Zeitvorgabe die beste, zeitlich realisierbare Lösungsheuristik ausgewählt werden.

[1] Das Economic Order Quantity (EOQ) Modell von Harris (1913) betrachtet lediglich ein einzelnes Produkt, welches eine konstante Nachfragerate aufweist und auf einer einzelnen Maschine produziert wird. Ziel ist es, eine Losgröße zu ermitteln, welche die Summe aus Rüst- und Lagerkosten minimiert.

Des Weiteren sollte die Leistung von CSLP-Net auch bei Probleminstanzen getestet werden, die andere Muster aufweisen als die zum Training verwendeten Probleminstanzen. Diese Analyse wurde bereits in einer Folgearbeit von Kärcher und Meyr (2025) vorgenommen. Neben der Durchführung eines Leistungsvergleichs von CLSP-Net anhand zweier externer Datensätze untersuchen die Autoren zudem die durchschnittliche Abweichung des durch die Anwendung von CLSP-Net erreichten Zielfunktionswerts im Vergleich zum optimalen Wert.

Im Hinblick auf den in der Einleitung angesprochenen Anwendungsfall der Dekomposition eines komplexen Losgrößen- und Reihenfolgeproblems sowie den damit verbundenen Prozessen der Aggregation und Disaggregation ist festzuhalten, dass die vorgestellte Methodik einen sehr vielversprechenden Ansatz darstellt, um problemspezifisch die beste Kombination aus Aggregations- und Disaggregationsverfahren zu erlernen. Um eine erfolgreiche Übertragung des Lernansatzes zu gewährleisten, sind mit Sicherheit Anpassungen, wie beispielsweise Änderungen an der Netzstruktur, notwendig. Diese müssen in künftigen Forschungsarbeiten genauer untersucht werden. Außerdem gilt es, den vorgestellten Lernansatz auf deutlich komplexere Losgrößenprobleme zu übertragen, für die eine Vielzahl an unterschiedlichen Lösungsverfahren bestehen, welche in Abhängigkeit der Charakteristiken des betrachteten Problems eine unterschiedliche Lösungsqualität aufweisen. Abschließend ist hervorzuheben, dass die in dieser Dissertation gewonnenen Erkenntnisse und Erfahrungen eine wichtige und hilfreiche Grundlage darstellen, um darauf aufbauend einen effektiven Prognoseansatz im Kontext der Dekomposition entwickeln zu können.

Literatur

Aarts, E., M. Reijnhoudt, H. Stehouwer und J. Wessels (2000). »A novel decomposition approach for on-line lot-sizing«. In: *European Journal of Operational Research* 122.2, S. 339–353. https://doi.org/10.1016/S0377-2217(99)00237-4.

Agrawal, R., T. Imieliński und A. Swami (1993). »Mining association rules between sets of items in large databases«. In: *Proceedings of the 1993 ACM SIGMOD International Conference on Management of Data*. Hrsg. von P. Buneman und S. Jajodia. New York, NY, USA: ACM Press, S. 207–216. https://doi.org/10.1145/170035.170072.

Angiulli, F. und G. Folino (2007). »Distributed Nearest Neighbor-Based Condensation of Very Large Data Sets«. In: *IEEE Transactions on Knowledge and Data Engineering* 19.12, S. 1593–1606. https://doi.org/10.1109/TKDE.2007.190665.

Arnold, F. und K. Sörensen (2019). »What makes a VRP solution good? The generation of problem-specific knowledge for heuristics«. In: *Computers & Operations Research* 106, S. 280–288. https://doi.org/10.1016/j.cor.2018.02.007.

Baldi, P. und P. J. Sadowski (2013). »Understanding Dropout«. In: *Advances in Neural Information Processing Systems 26. NIPS 2013*. Hrsg. von C. Burges, L. Bottou, M. Welling, Z. Ghahramani und K. Weinberger. Red Hook, NY: Curran Associates, Inc, S. 2826–283 4.

Bengio, Y. (2012). »Practical recommendations for gradient-based training of deep architectures«. In: *Neural Networks: Tricks of the Trade*. Hrsg. von G. Montavon, G. B. Orr und K.-R. Müller. 2. Aufl. Berlin, Heidelberg: Springer, S. 437–478.

Bengio, Y., E. Frejinger, A. Lodi, R. Patel und S. Sankaranarayanan (2020). »A Learning-Based Algorithm to Quickly Compute Good Primal Solutions for Stochastic Integer Programs«. In: *Integration of Constraint Programming, Artificial Intelligence, and Operations Research. CPAIOR 2020*. Hrsg. von E. Hebrard und N. Musliu. Lecture Notes in Computer Science 12296. Cham: Springer, S. 99–111. https://doi.org/10.1007/978-3-030-58942-4_7.

Bergstra, J. und Y. Bengio (2012). »Random Search for Hyper-Parameter Optimization«. In: *Journal of Machine Learning Research* 13.10, S. 281–305.

Bishop, C. M. (2006). *Pattern recognition and machine learning*. New York: Springer.

Bitran, G. R. und H. H. Yanasse (1982). »Computational Complexity of the Capacitated Lot Size Problem«. In: *Management Science* 28.10, S. 1174–1186. https://doi.org/10.1287/mnsc.28.10.1174.

J. Kärcher, *Untersuchung von Machine-Learning-Verfahren zur Lösung von Losgrößenproblemen*, Produktion und Logistik,
https://doi.org/10.1007/978-3-658-49153-6

Bonamente, M. (2017). *Statistics and Analysis of Scientific Data*. 2. Aufl. New York, NY: Springer.

Boutell, M. R., J. Luo, X. Shen und C. M. Brown (2004). »Learning multi-label scene classification«. In: *Pattern Recognition* 37.9, S. 1757–1771. https://doi.org/10.1016/j.patcog.2004.03.009.

Brazdil, P., C. Giraud-Carrier, C. Soares und R. Vilalta (2009). *Metalearning: Applications to Data Mining*. Berlin, Heidelberg: Springer.

Breiman, L. (2001). »Random Forests«. In: *Machine Learning* 45.1, S. 5–32. https://doi.org/10.1023/A:1010933404324.

Buschkühl, L., F. Sahling, S. Helber und H. Tempelmeier (2010). »Dynamic capacitated lotsizing problems: a classification and review of solution approaches«. In: *OR Spectrum* 32.2, S. 231–261. https://doi.org/10.1007/s00291-008-0150-7.

Chandola, V., A. Banerjee und V. Kumar (2009). »Anomaly detection: A survey«. In: *ACM Computing Surveys* 41.3, S. 1–58. https://doi.org/10.1145/1541880.1541882.

Chandra, P. und Y. Singh (2004). »An activation function adapting training algorithm for sigmoidal feedforward networks«. In: *Neurocomputing* 61, S. 429–437. https://doi.org/10.1016/j.neucom.2004.04.001.

Chapelle, O., B. Schölkopf und A. Zien (2006). *Semi-Supervised Learning*. Adaptive Computation and Machine Learning Series. Cambridge, Mass.: MIT Press.

Chapman, P., J. Clinton, R. Kerber, T. Khabaza, T. Reinartz, C. Shearer und R. Wirth (2000). *CRISP-DM 1.0: Step-by-step data mining guide*. URL: https://api.semanticscholar.org/CorpusID:59777418.

Chen, W.-H. und J.-M. Thizy (1990). »Analysis of Relaxations for the Multi-Item Capacitated Lot-Sizing Problem«. In: *Annals of Operations Research* 26.1–4, S. 29–72. https://doi.org/10.1007/BF02248584.

Chu, X., F. Cai, C. Cui, M. Hu, L. Li und Q. Qin (2019). »Adaptive recommendation model using meta-learning for population-based algorithms«. In: *Information Sciences* 476, S. 192–210. https://doi.org/10.1016/j.ins.2018.10.013.

Clevert, D.-A., T. Unterthiner und S. Hochreiter (2016). »Fast and Accurate Deep Network Learning by Exponential Linear Units (ELUs)«. In: *International Conference on Learning Representations. ICLR 2016*. San Juan, Puerto Rico. https://doi.org/10.48550/arXiv.1511.07289.

Continental (o.D.). *Reifenherstellung – So wird ein Reifen hergestellt*. URL: https://www.continental-reifen.de/autoreifen/reifenwissen/reifen-grundlagen/reifenherstellung (besucht am 25. 05. 2024).

Copil, K., M. Wörbelauer, H. Meyr und H. Tempelmeier (2017). »Simultaneous lotsizing and scheduling problems: a classification and review of models«. In: *OR Spectrum* 39.1, S. 1–64. https://doi.org/10.1007/s00291-015-0429-4.

Cortes, C. und V. Vapnik (1995). »Support-vector networks«. In: *Machine Learning* 20.3, S. 273–297. https://doi.org/10.1007/BF00994018.

Costa, V. G. und C. E. Pedreira (2023). »Recent advances in decision trees: an updated survey«. In: *Artificial Intelligence Review* 56.5, S. 4765–4800. https://doi.org/10.1007/s10462-022-10275-5.

Cover, T. und P. Hart (1967). »Nearest neighbor pattern classification«. In: *IEEE Transactions on Information Theory* 13.1, S. 21–27. https://doi.org/10.1109/TIT.1967.1053964.

Creswell, A., T. White, V. Dumoulin, K. Arulkumaran, B. Sengupta und A. A. Bharath (2018). »Generative Adversarial Networks: An Overview«. In: *IEEE Signal Processing Magazine* 35.1, S. 53–65. https://doi.org/10.1109/MSP.2017.2765202.

Dantas, A. L. und A. T. R. Pozo (2018). »A Meta-Learning Algorithm Selection Approach for the Quadratic Assignment Problem«. In: *IEEE Congress on Evolutionary Computation. CEC 2018.* Washington, DC, USA: IEEE, S. 1–8. https://doi.org/10.1109/CEC.2018.8477989.

DeMatteis, J. J. (1968). »An economic lot-sizing technique, I: The part-period algorithm«. In: *IBM Systems Journal* 7.1, S. 30–38. https://doi.org/10.1147/sj.71.0030.

Derstroff, M. C. (1995). *Mehrstufige Losgröß nplanung mit Kapazit ä tsbeschr ä nkungen.* Heidelberg: Physica-Verlag.

Dixon, P. S. und E. A. Silver (1981). »A heuristic solution procedure for the multi-item, single-level, limited capacity, lot-sizing problem«. In: *Journal of Operations Management* 2.1, S. 23–39. https://doi.org/10.1016/0272-6963(81)90033-4.

Dogramaci, A., J. C. Panayiotopoulos und N. R. Adam (1981). »The Dynamic Lot-Sizing Problem for Multiple Items Under Limited Capacity«. In: *AIIE Transactions* 13.4, S. 294–303. https://doi.org/10.1080/05695558108974565.

Domingos, P. (2012). »A few useful things to know about machine learning«. In: *Communications of the ACM* 55.10, S. 78–87. https://doi.org/10.1145/2347736.2347755.

Domschke, W., A. Scholl und S. Voß (1997). *Produktionsplanung*. 2. Aufl. Berlin, Heidelberg: Springer.

Drexl, A., B Fleischmann, H. O. Günther, H Stadtler und H Tempelmeier (1994). »Konzeptionelle Grundlagen kapazitätsorientierter PPS-Systeme«. In: *Schmalenbachs Zeitschrift für betriebswirtschaftliche Forschung* 46.12, S. 1022–1045.

Dubey, S. R., S. K. Singh und B. B. Chaudhuri (2022). »Activation functions in deep learning: A comprehensive survey and benchmark«. In: *Neurocomputing* 503, S. 92–108. https://doi.org/10.1016/j.neucom.2022.06.111.

Duchi, J., E. Hazan und Y. Singer (2011). »Adaptive Subgradient Methods for Online Learning and Stochastic Optimization«. In: *Journal of Machine Learning Research* 12.61, S. 2121–2159.

Dugas, C., Y. Bengio, F. Bélisle, C. Nadeau und R. Garcia (2000). »Incorporating Second-Order Functional Knowledge for Better Option Pricing«. In: *Advances in Neural Information Processing Systems 13. NIPS 2000.* Hrsg. von T. K. Leen, T. G. Dietterich und V. Tresp. Cambridge, MA, London: MIT Press, S. 472–478.

Dunteman, G. H. (1989). *Principal Components Analysis*. Newbury Park, CA: Sage Publications.

Efron, B. und R. J. Tibshirani (1993). *An Introduction to the Bootstrap*. New York, London: Chapman & Hall.

Eisenhut, P. S. (1975). »A Dynamic Lot Sizing Algorithm with Capacity Constraints«. In: *AIIE Transactions* 7.2, S. 170–176. https://doi.org/10.1080/05695557508974999.

Fahlman, S. E. (1988). *An Empirical Study of Learning Speed in Back-Propagation Networks.* Technical Report CMU-CS-88-162. Carnegie-Mellon University.

Fleischmann, B., H. Meyr und M. Wagner (2015). »Advanced Planning«. In: *Supply Chain Management and Advanced Planning: Concepts, Models, Software, and Case Studies*. Hrsg. von H. Stadtler, C. Kilger und H. Meyr. 5. Aufl. Springer Texts in Business and Economics. Berlin, Heidelberg: Springer, S. 71–96.

Fleischmann, B. (2008). »Teil A 1.1 Begriffliche Grundlagen«. In: *Handbuch Logistik*. Hrsg. von D. Arnold, H. Isermann, A. Kuhn, H. Tempelmeier und K. Furmans. 3. Aufl. Berlin, Heidelberg: Springer, S. 3–12.

Gaafar, L. K. und M. Choueiki (2000). »A neural network model for solving the lot-sizing problem«. In: *Omega* 28.2, S. 175–184. https://doi.org/10.1016/S0305-0483(99)00035-3.

García, S., J. Luengo und F. Herrera (2015). *Data Preprocessing in Data Mining*. Intelligent Systems Reference Library 72. Cham: Springer International Publishing.

Glorot, X. und Y. Bengio (2010). »Understanding the difficulty of training deep feedforward neural networks«. In: *Proceedings of the 13th International Conference on Artificial Intelligence and Statistics. AISTATS 2010*. Proceedings of Machine Learning Research 9. Chia, Sardinia, Italy, S. 249–256.

Glorot, X., A. Bordes und Y. Bengio (2011). »Deep Sparse Rectifier Neural Networks«. In: *Proceedings of the 14th International Conference on Artificial Intelligence and Statistics. AISTATS 2011*. Proceedings of Machine Learning Research 15. Fort Lauderdale, Florida, USA., S. 315–323.

Goertzel, B. (2007). »Human-level artificial general intelligence and the possibility of a technological singularity: A reaction to Ray Kurzweil's The Singularity Is Near, and McDermott's critique of Kurzweil«. In: *Artificial Intelligence* 171.18, S. 1161–1173. https://doi.org/10.1016/j.artint.2007.10.011.

Goodfellow, I., Y. Bengio und A. Courville (2016). *Deep Learning*. Cambridge MA: MIT Press.

Goodfellow, I., J. Pouget-Abadie, M. Mirza, B. Xu, D. Warde-Farley, S. Ozair, A. Courville und Y. Bengio (2014). »Generative Adversarial Nets«. In: *Advances in Neural Information Processing Systems 27. NIPS 2014*. Hrsg. von Z. Ghahramani, M. Welling, C. Cortes, N. Lawrence und K. Weinberger. Red Hook, NY: Curran Associates, Inc, S. 2672–2680. https://doi.org/10.48550/arXiv.1406.2661.

Goodfellow, I. J., D. Warde-Farley, M. Mirza, A. Courville und Y. Bengio (2013). »Maxout Networks«. In: *Proceedings of the 30th International Conference on Machine Learning. ICML 2013*. Hrsg. von S. Dasgupta und D. McAllester. Proceedings of Machine Learning Research 28. Atlanta, Georgia, USA, S. 1319–1327. https://doi.org/10.48550/arXiv.1302.4389.

Groff, G. K. (1979). »A lot sizing rule for time-phased component demand«. In: *Production and Inventory Management* 20.1, S. 47–53.

Gu, S., W. Li, L. Van Gool und R. Timofte (2019). »Fast Image Restoration With Multi-Bin Trainable Linear Units«. In: *IEEE/CVF International Conference on Computer Vision. ICCV 2019*. Washington, DC, USA: IEEE, S. 4189–4198. https://doi.org/10.1109/ICCV.2019.00429.

Gutierrez-Rodríguez, A. E., S. E. Conant-Pablos, J. C. Ortiz-Bayliss und H. Terashima-Marín (2019). »Selecting meta-heuristics for solving vehicle routing problems with time windows via meta-learning«. In: *Expert Systems with Applications* 118, S. 470–481. https://doi.org/10.1016/j.eswa.2018.10.036.

Guyon, I. und A. Elisseeff (2003). »An Introduction to Variable and Feature Selection«. In: *Journal of Machine Learning Research* 3, S. 1157–1182.

Günther, H.-O. (1987). »Planning lot sizes and capacity requirements in a single stage production system«. In: *European Journal of Operational Research* 31.2, S. 223–231. https://doi.org/10.1016/0377-2217(87)90026-9.

Günther, H.-O. und H. Tempelmeier (2012). *Produktion und Logistik*. 9. Aufl. Berlin, Heidelberg: Springer.

Hahnloser, R. H. R., R. Sarpeshkar, M. A. Mahowald, R. J. Douglas und H. S. Seung (2000). »Digital selection and analogue amplication coexist in a cortex-inspired silicon circuit«. In: *Nature* 405.6789, S. 947–951.

Halevy, A., P. Norvig und F. Pereira (2009). »The Unreasonable Effectiveness of Data«. In: *IEEE Intelligent Systems* 24.2, S. 8–12. https://doi.org/10.1109/MIS.2009.36.

Harris, F. W. (1913). »How Many Parts to Make at Once«. In: *Factory, The Magazine of Management* 10.2, S. 135–136.

Hassabis, D. (2016). *AlphaGo: using machine learning to master the ancient game of Go*. URL: https://blog.google/technology/ai/alphago-machine-learning-game-go/ (besucht am 25. 05. 2024).

Hastie, T., R. Tibshirani und J. Friedman (2009). *The Elements of Statistical Learning—Data Mining, Inference, and Prediction*. 2. Aufl. Springer Series in Statistics. New York, NY: Springer.

Haykin, S. (2009). *Neural Networks and Learning Machines*. 3. Aufl. New York, Munich: Prentice-Hall.

Haykin, S. S. (1999). *Neural networks: a comprehensive foundation*. 2. Aufl. Upper Saddle River, NJ: Prentice Hall.

He, K., X. Zhang, S. Ren und J. Sun (2015). »Delving Deep into Rectifiers: Surpassing Human-Level Performance on ImageNet Classification«. In: *Proceedings of the IEEE International Conference on Computer Vision. ICCV 2015*. Washington, DC, USA: IEEE, S. 1026–1034. https://doi.org/10.1109/ICCV.2015.123.

Hebb, D. O. (1949). *The organization of behavior: a neuropsychological theory*. New York: Wiley.

Hertz, J. A., A. Krogh und R. G. Palmer (1991). *Introduction To The Theory Of Neural Computation*. Redwood City, CA: Addison-Wesley.

Hinton, G. (2012). *Lecture 6e rmsprop: Divide the gradient by a running average of its recent magnitude*. Slides of Lecture Neural Networks for Machine Learning. URL: https://www.cs.toronto.edu/~tijmen/csc321/slides/lecture_slides_lec6.pdf (besucht am 16. 05. 2023).

Hochreiter, S., Y. Bengio, P. Frasconi und J. Schmidhuber (2001). »Gradient Flow in Recurrent Nets: The Difficulty of Learning Long-Term Dependencies«. In: *A Field Guide to Dynamical Recurrent Networks*. Wiley-IEEE Press, S. 237–243. https://doi.org/10.1109/9780470544037.ch14.

Hochreiter, S. und J. Schmidhuber (1997). »Long Short-Term Memory«. In: *Neural Computation* 9.8, S. 1735–1780. https://doi.org/10.1162/neco.1997.9.8.1735.

Hochreiter, S. und J. Schmidhuber (1999). »Feature Extraction Through LOCOCODE«. In: *Neural Computation* 11.3, S. 679–714. https://doi.org/10.1162/089976699300016629.

Hoerl, A. E. und R. W. Kennard (1970). »Ridge Regression: Biased Estimation for Nonorthogonal Problems«. In: *Technometrics* 12.1, S. 55–67. https://doi.org/10.1080/00401706.1970.10488634.

Hoptroff, R. G. (1993). »The principles and practice of time series forecasting and business modelling using neural nets«. In: *Neural Computing & Applications* 1.1, S. 59–66. https://doi.org/10.1007/BF01411375.

Hush, D. und B. Horne (1993). »Progress in supervised neural networks«. In: *IEEE Signal Processing Magazine* 10.1, S. 8–39. https://doi.org/10.1109/79.180705.

Isola, P., J.-Y. Zhu, T. Zhou und A. A. Efros (2017). »Image-to-Image Translation with Conditional Adversarial Networks«. In: *IEEE Conference on Computer Vision and Pattern Recognition. CVPR 2017*. Honolulu, HI, USA: IEEE, S. 5967–5976. https://doi.org/10.1109/CVPR.2017.632.

Jain, A., J. Mao und K. Mohiuddin (1996). »Artificial neural networks: a tutorial«. In: *Computer* 29.3, S. 31–44. https://doi.org/10.1109/2.485891.

Jain, A. K. (2010). »Data clustering: 50 years beyond K-means«. In: *Pattern Recognition Letters* 31.8, S. 651–666. https://doi.org/10.1016/j.patrec.2009.09.011.

Jans, R. und Z. Degraeve (2007). »Meta-heuristics for dynamic lot sizing: A review and comparison of solution approaches«. In: *European Journal of Operational Research* 177.3, S. 1855–1875. https://doi.org/10.1016/j.ejor.2005.12.008.

Jans, R. und Z. Degraeve (2008). »Modeling industrial lot sizing problems: a review«. In: *International Journal of Production Research* 46.6, S. 1619–1643. https://doi.org/10.1080/00207540600902262.

Johnson, D. S. (1974). »Approximation algorithms for combinatorial problems«. In: *Journal of Computer and System Sciences* 9.3, S. 256–278. https://doi.org/10.1016/S0022-0000(74)80044-9.

Jordan, M. I. und T. M. Mitchell (2015). »Machine learning: Trends, perspectives, and prospects«. In: *Science* 349.6245, S. 255–260. https://doi.org/10.1126/science.aaa8415.

Kaelbling, L. P., M. L. Littman und A. W. Moore (1996). »Reinforcement Learning: A Survey«. In: *Journal of Artificial Intelligence Research* 4, S. 237–285. https://doi.org/10.1613/jair.301.

Kanda, J., A. de Carvalho, E. Hruschka und C. Soares (2011). »Using meta-learning to recommend meta-heuristics for the traveling salesman problem«. In: *10th International Conference on Machine Learning and Applications. ICMLA 2011*. Washington, DC, USA: IEEE, S. 346–351. https://doi.org/10.1109/ICMLA.2011.153.

Kanda, J., A. de Carvalho, E. Hruschka, C. Soares und P. Brazdil (2016). »Meta-learning to select the best meta-heuristic for the Traveling Salesman Problem: A comparison of meta-features«. In: *Neurocomputing* 205, S. 393–406. https://doi.org/10.1016/j.neucom.2016.04.027.

Kanda, J., C. Soares, E. Hruschka und A. de Carvalho (2012). »A Meta-Learning Approach to Select Meta-Heuristics for the Traveling Salesman Problem Using MLP-Based Label Ranking«. In: *Neural Information Processing. ICONIP 2012*. Hrsg. von T. Huang, Z. Zeng, C. Li und C. S. Leung. Lecture Notes in Computer Science 7665. Berlin, Heidelberg: Springer, S. 488–495. https://doi.org/10.1007/978-3-642-34487-9_59.

Karimi, B., S. Fatemi Ghomi und J. Wilson (2003). »The capacitated lot sizing problem: a review of models and algorithms«. In: *Omega* 31.5, S. 365–378. https://doi.org/10.1016/S0305-0483(03)00059-8.

Karimi-Mamaghan, M., M. Mohammadi, P. Meyer, A. M. Karimi-Mamaghan und E.-G. Talbi (2022). »Machine learning at the service of meta-heuristics for solving combinatorial optimization problems: A state-of-the-art«. In: *European Journal of Operational Research* 296.2, S. 393–422. https://doi.org/10.1016/j.ejor.2021.04.032.

Karras, T., S. Laine und T. Aila (2019). »A Style-Based Generator Architecture for Generative Adversarial Networks«. In: *Proceedings of the IEEE/CVF Conference on Computer Vision and Pattern Recognition. CVPR 2019*. Washington, DC, USA: IEEE, S. 4401–4410. https://doi.org/10.48550/arXiv.1812.04948.

Kerschke, P., H. H. Hoos, F. Neumann und H. Trautmann (2019). »Automated Algorithm Selection: Survey and Perspectives«. In: *Evolutionary Computation* 27.1, S. 3–45. https://doi.org/10.1162/evco_a_00242.

Kingma, D. P. und J. Ba (2015). »Adam: A Method for Stochastic Optimization«. In: *International Conference for Learning Representations. ICLR 2015*. San Diego, CA, USA. https://doi.org/10.48550/arXiv.1412.6980.

Kistner, K.-P. und M. Steven (1991). »Die Bedeutung des Operations Research für die hierarchische Produktionsplanung«. In: *OR Spektrum* 13.3, S. 123–132. https://doi.org/10.1007/BF01720145.

Klambauer, G., T. Unterthiner, A. Mayr und S. Hochreiter (2017). »Self-Normalizing Neural Networks«. In: *Advances in Neural Information Processing Systems 30. NIPS 2017*. Hrsg. von I. Guyon, U. Von Luxburg, S. Bengio, H. Wallach, R. Fergus, S. Vishwanathan und R. Garnett. Red Hook, NY: Curran Associates, Inc, S. 972–981. https://doi.org/10.48550/arXiv.1706.02515.

Kleindienst, E. (2004). *Aggregation und Allokation in der hierarchischen Produktionsplanung*. Produktion und Logistik. Wiesbaden: Deutscher Universitätsverlag.

Kohavi, R. (1995). »A study of cross-validation and bootstrap for accuracy estimation and model selection«. In: *Proceedings of the 14th International Joint Conference on Artificial Intelligence. IJCAI 1995*. Bd. 2. San Francisco, CA, USA, S. 1137–1143.

Koopmans, T. C. und M. Beckmann (1957). »Assignment Problems and the Location of Economic Activities«. In: *Econometrica* 25.1, S. 53–76. https://doi.org/10.2307/1907742.

Kotsiantis, S. B. (2013). »Decision trees: a recent overview«. In: *Artificial Intelligence Review* 39.4, S. 261–283. https://doi.org/10.1007/s10462-011-9272-4.

Kramer, A. H. und A. Sangiovanni-Vincentelli (1988). »Efficient Parallel Learning Algorithms for Neural Networks«. In: *Advances in Neural Information Processing Systems 1. NIPS 1988*. Hrsg. von D. S. Touretzky. Cambridge, MA, USA: MIT Press, S. 40–48.

Kärcher, J. und H. Meyr (2025). »A machine learning approach for predicting the best heuristic for a large scaled Capacitated Lotsizing Problem«. In: *OR Spectrum*. https://doi.org/10.1007/s00291-024-00804-9.

Krizhevsky, A., I. Sutskever und G. E. Hinton (2012). »ImageNet Classification with Deep Convolutional Neural Networks«. In: *Advances in Neural Information Processing Systems 25. NIPS 2012*. Hrsg. von F. Pereira, C. Burges, L. Bottou und K. Weinberger. Red Hook, NY: Curran Associates Inc., S. 1097–1105.

Kullback, S. und R. A. Leibler (1951). »On Information and Sufficiency«. In: *The Annals of Mathematical Statistics* 22.1, S. 79–86.

Ladosz, P., L. Weng, M. Kim und H. Oh (2022). »Exploration in deep reinforcement learning: A survey«. In: *Information Fusion* 85, S. 1–22. https://doi.org/10.1016/j.inffus.2022.03.003.

Lambrecht, M. R. und H. Vanderveken (1979). »Heuristic Procedures for the Single Operation, Multi-Item Loading Problem«. In: *AIIE Transactions* 11.4, S. 319–326. https://doi.org/10.1080/05695557908974478.

Lasserre, J., C. Bishop und T. Minka (2006). »Principled Hybrids of Generative and Discriminative Models«. In: *IEEE Computer Society Conference on Computer Vision and Pattern Recognition. CVPR 2006*. Washington, DC, USA: IEEE, S. 87–94. https://doi.org/10.1109/CVPR.2006.227.

LeCun, Y., Y. Bengio und G. Hinton (2015). »Deep learning«. In: *Nature* 521.7553, S. 436–444. https://doi.org/10.1038/nature14539.

LeCun, Y., L. Bottou, G. B. Orr und K. R. Müller (1998). »Efficient BackProp«. In: *Neural Networks: Tricks of the Trade*. Hrsg. von G. B. Orr und K.-R. Müller. Berlin, Heidelberg: Springer, S. 9–50.

Lee, I., J. N. D. Gupta und A. D. Amar (2001). »A multi-neural-network learning for lot sizing and sequencing on a flow-shop«. In: *Proceedings of the 2001 ACM Symposium on Applied Computing. SAC 2001*. Hrsg. von G. Lamont. New York, NY, USA: ACM Press, S. 36–40. https://doi.org/10.1145/372202.372210.

Leisten, R. (1996). *Iterative Aggregation und mehrstufige Entscheidungsmodelle—Einordnung in den planerischen Kontext, Analyse anhand der Modelle der Linearen Programmierung und Darstellung am Anwendungsbeispiel der Hierarchischen Produktionsplanung*. Heidelberg: Physica-Verlag.

Lermen, P. (1992). *Hierarchische Produktionsplanung und KANBAN*. Wiesbaden: Gabler.

Li, T. und M. Ogihara (2003). »Detecting Emotion in Music«. In: *International Conference on Music Information Retrieval. ISMIR 2003*. Baltimore, Maryland, USA. URL: http://jhir.library.jhu.edu/handle/1774.2/41.

Liew, S. S., M. Khalil-Hani und R. Bakhteri (2016). »Bounded activation functions for enhanced training stability of deep neural networks on visual pattern recognition problems«. In: *Neurocomputing* 216, S. 718–734. https://doi.org/10.1016/j.neucom.2016.08.037.

Lucas, F., R. Billot, M. Sevaux und K. Sörensen (2020). »Reducing Space Search in Combinatorial Optimization Using Machine Learning Tools«. In: *Learning and Intelligent Optimization. LION 2020*. Hrsg. von I. S. Kotsireas und P. M. Pardalos. Lecture Notes in Computer Science 12096. Cham: Springer, S. 143–150. https://doi.org/10.1007/978-3-030-53552-0_15.

Maas, A. L., A. Y. Hannun und A. Y. Ng (2013). »Rectifier Nonlinearities Improve Neural Network Acoustic Models«. In: *Proceedings of the 30th International Conference on Machine Learning. ICML 2013*. Hrsg. von S. Dasgupta und D. McAllester. Proceedings of Machine Learning Research 28. Atlanta, Georgia, USA.

Macqueen, J (1967). »Some methods for classification and analysis of multivariate observations«. In: *Proceedings of the 5th Berkeley symposium on mathematical statistics and probability*. Bd. 1. Berkeley, Los Angeles: University of California Press, S. 281–297.

Maes, J. und L. N. Van Wassenhove (1988). »Multi-Item Single-Level Capacitated Dynamic Lot-Sizing Heuristics: A General Review«. In: *Journal of the Operational Research Society* 39.11, S. 991–1004. https://doi.org/10.1057/jors.1988.169.

McCarthy, J., M. L. Minsky, N. Rochester und C. E. Shannon (2006). »A Proposal for the Dartmouth Summer Research Project on Artificial Intelligence, August 31, 1955«. In: *AI Magazine* 27.4. Reprint. https://doi.org/10.1609/aimag.v27i4.1904.

Megala, N. und N. Jawahar (2006). »Genetic algorithm and Hopfield neural network for a dynamic lot sizing problem«. In: *The International Journal of Advanced Manufacturing Technology* 27.11, S. 1178–1191. https://doi.org/10.1007/s00170-004-2306-1.

Metz, C. (2016). *An Infusion of AI Makes Google Translate More Powerful Than Ever*. URL: https://www.wired.com/2016/09/google-claims-ai-breakthrough-machine-translation/ (besucht am 25. 05. 2024).

Meyr, H. (1999). *Simultane Losgr ößen- und Reihenfolgeplanung fü r kontinuierliche Produktionslinien Modelle und Methoden im Rahmen des Supply Chain Management*. Wiesbaden: Deutscher Universitätsverlag.

Meyr, H. und M. Mann (2013). »A decomposition approach for the General Lotsizing and Scheduling Problem for Parallel production Lines«. In: *European Journal of Operational Research* 229.3, S. 718–731. https://doi.org/10.1016/j.ejor.2013.03.036.

Meyr, H. und H. Stadtler (2015). »Types of Supply Chains«. In: *Supply Chain Management and Advanced Planning: Concepts, Models, Software, and Case Studies*. Hrsg. von H. Stadtler, C. Kilger und H. Meyr. 5. Aufl. Springer Texts in Business and Economics. Berlin, Heidelberg: Springer, S. 55–69.

Miller, C., A. Tucker und R. Zemlin (1960). »Integer Programming Formulation of Traveling Salesman Problems«. In: *Journal of the ACM* 7.4, S. 326–329. https://doi.org/10.1145/321043.321046.

Minsky, M. L. (1969). *Semantic Information Processing*. Cambridge MA: The MIT Press.

Miranda, E. S., F. Fabris, C. G. M. Nascimento, A. A. Freitas und A. C. M. Oliveira (2018). »Meta-Learning for Recommending Metaheuristics for the MaxSAT Problem«. In: *7th Brazilian Conference on Intelligent Systems. BRACIS 2018*. Washington, DC, USA: IEEE, S. 169–174. https://doi.org/10.1109/BRACIS.2018.00037.

Mitchell, T. M. (1997). *Machine Learning*. New York: McGraw Hill. URL: https://www.cs.cmu.edu/afs/cs.cmu.edu/user/mitchell/ftp/mlbook.html.

Mnih, V., K. Kavukcuoglu, D. Silver, A. A. Rusu, J. Veness, M. G. Bellemare, A. Graves, M. Riedmiller, A. K. Fidjeland, G. Ostrovski, S. Petersen, C. Beattie, A. Sadik, I. Antonoglou, H. King, D. Kumaran, D. Wierstra, S. Legg und D. Hassabis (2015). »Human-level control through deep reinforcement learning«. en. In: *Nature* 518.7540, S. 529–533. https://doi.org/10.1038/nature14236.

Moor, J. (2006). »The Dartmouth College Artificial Intelligence Conference: The Next Fifty Years«. In: *AI Magazine* 27.4, S. 87–91. https://doi.org/10.1609/aimag.v27i4.1911.

Murphy, K. P. (2012). *Machine learning: a probabilistic perspective*. Adaptive computation and machine learning series. Cambridge, MA: MIT Press.

Nair, V. und G. E. Hinton (2010). »Rectified Linear Units Improve Restricted Boltzmann Machines«. In: *Proceedings of the 27th International Conference on Machine Learning. ICML 2010*. Hrsg. von J. Fürnkranz und T. Joachims. Madison, Wisconsin, USA: Omnipress, S. 807–814.

Nguyen, G., S. Dlugolinsky, M. Bobák, V. Tran, López García, I. Heredia, P. Malík und L. Hluchý (2019). »Machine Learning and Deep Learning frameworks and libraries for large-scale data mining: a survey«. In: *Artificial Intelligence Review* 52.1, S. 77–124. https://doi.org/10.1007/s10462-018-09679-z.

Nikolić, M., F. Marić und P. Janičć (2013). »Simple algorithm portfolio for SAT«. In: *Artificial Intelligence Review* 40.4, S. 457–465. https://doi.org/10.1007/s10462-011-9290-2.

Nwankpa, C. E., A. Gachagan und S. Marshall (2021). »Activation Functions: Comparison of Trends in Practice and Research for Deep Learning«. In: *2nd International Conference on Computational Sciences and Technology. INCCST 2020*. Jamshoro, Pakistan. URL: https://strathprints.strath.ac.uk/id/eprint/75897.

Pascanu, R., T. Mikolov und Y. Bengio (2013). »On the difficulty of training recurrent neural networks«. In: *Proceedings of the 30th International Conference on Machine Learning. ICML 2013*. Hrsg. von S. Dasgupta und D. McAllester. Proceedings of Machine Learning

Research 28. Atlanta, Georgia, USA, S. 1310–1318. https://doi.org/10.48550/arXiv.1211.5063.

Pinkus, A. (1999). »Approximation theory of the MLP model in neural networks«. In: *Acta Numerica* 8, S. 143–195. https://doi.org/10.1017/S0962492900002919.

Polyak, B. T. (1964). »Some methods of speeding up the convergence of iteration methods«. In: *USSR Computational Mathematics and Mathematical Physics* 4.5, S. 791–803. https://doi.org/10.1016/0041-5553(64)90137-5.

Powers, D. M. W. (2011). »Evaluation: from precision, recall and F-measure to ROC, informedness, markedness and correlation«. In: *Journal of Machine Learning Technologies* 2.1, S. 37–63. https://doi.org/10.48550/arXiv.2010.16061.

Prechelt, L. (1998). »Early Stopping – But When?« In: *Neural Networks: Tricks of the Trade*. Hrsg. von G. B. Orr und K.-R. Müller. Berlin, Heidelberg: Springer Link, S. 55–69.

Quinlan, J. R. (1986). »Induction of decision trees«. In: *Machine Learning* 1.1, S. 81–106. https://doi.org/10.1007/BF00116251.

Radzi, N. H. M., H. Haron und T. I. T. Johari (2006). »Lot Sizing Using Neural Network Approach«. In: *Proceedings of the 2nd IMT-GT Regional Conference on Mathematics, Statistics and Applications*. Penang, Malaysia.

Ramachandran, P., B. Zoph und Q. V. Le (2018). »Searching for Activation Functions«. In: *International Conference on Learning Representations, Workshops. ICLR 2018*. Vancouver, BC, Canada.

Rice, J. R. (1976). »The Algorithm Selection Problem«. In: *Advances in Computers* 15. Hrsg. von M. Rubinoff und M. C. Yovits, S. 65–118. https://doi.org/10.1016/S0065-2458(08)60520-3.

Riedmiller, M. und H. Braun (1993). »A direct adaptive method for faster backpropagation learning: the RPROP algorithm«. In: *IEEE International Conference on Neural Networks. ICNN 1993*. Washington, DC, USA: IEEE, S. 586–591. https://doi.org/10.1109/ICNN.1993.298623.

Rohde, J. (2004). »Hierarchical supply chain planning using artificial neural networks to anticipate base-level outcomes«. In: *OR Spectrum* 26.4, S. 471–492. https://doi.org/10.1007/s00291-004-0170-x.

Rohde, J. (2005). »Hierarchische Produktionsplanung bei losweiser Fertigung unter Einsatz künstlicher neuronaler Netze«. Diss. Technische Universität Darmstadt.

Rojas, R. (1993). *Theorie der neuronalen Netze: Eine systematische Einf ü hrung*. Berlin, Heidelberg: Springer-Verlag.

Rosenblatt, F. (1958). »The perceptron: A probabilistic model for information storage and organization in the brain«. In: *Psychological Review* 65.6, S. 386–408. https://doi.org/10.1037/h0042519.

Rosenblatt, F. (1962). *Principles of Neurodynamics*. New York: Spartan.

Roy, S. K., S. Manna, S. R. Dubey und B. B. Chaudhuri (2023). »LiSHT: Non-Parametric Linearly Scaled Hyperbolic Tangent Activation Function for Neural Networks«. In: *Computer Vision and Image Processing. CVIP 2022*. Hrsg. von D. Gupta, K. Bhurchandi, S. Murala, B. Raman und S. Kumar. Communications in Computer and Information Science 1776. Cham: Springer, S. 462–476. https://doi.org/10.1007/978-3-031-31407-0_35.

Rummelhart, D. E., G. E. Hinton und R. J. Williams (1986). »Learning Internal Representations by Error Propagation«. In: *Parallel Distibuted Processing: Explorations in the*

Microstructures of Cognition. Hrsg. von D. E. Rummelhart und J. L. McCelland. Cambridge MA: MIT Press, S. 318–362.

Russell, S. J. und P. Norvig (2021). *Artificial intelligence: a modern approach*. 4. Aufl. Pearson Series in Artificial Intelligence. Harlow: Pearson Education Limited.

Sadeg, S., L. Hamdad, O. Kada, K. Benatchba und Z. Habbas (2021). »Meta-learning to Select the Best Metaheuristic for the MaxSAT Problem«. In: *Modelling and Implementation of Complex Systems. MISC 2020*. Hrsg. von S. Chikhi, A. Amine, A. Chaoui, D. E. Saidouni und M. K. Kholladi. Lecture Notes in Networks and Systems 156. Cham: Springer, S. 122–135. https://doi.org/10.1007/978-3-030-58861-8_9.

Sahling, F. (2010). *Mehrstufige Losgr ö ßenplanung bei Kapazit ä tsrestriktionen*. Wiesbaden: Gabler.

Sak, H., A. Senior, K. Rao, F. Beaufays und J. Schalkwyk (2015). *Google voice search: faster and more accurate*. URL: http://research.google/blog/google-voice-search-faster-and-more-accurate/ (besucht am 25. 05. 2024).

Samuel, A. L. (1959). »Some Studies in Machine Learning Using the Game of Checkers«. In: *IBM Journal of Research and Development* 3.3, S. 210–229. https://doi.org/10.1147/rd.33.0210.

Schaul, T., I. Antonoglou und D. Silver (2014). »Unit Tests for Stochastic Optimization«. In: *International Conference on Learning Representations. ICLR 2014*. Banff, AB, Canada. https://doi.org/10.48550/arXiv.1312.6055.

Scherer, A. (1997). *Neuronale Netze: Grundlagen und Anwendungen*. Braunschweig, Wiesbaden: Vieweg.

Schmidhuber, J. (2015). »Deep Learning in Neural Networks: An Overview«. en. In: *Neural Networks* 61, S. 85–117. https://doi.org/10.1016/j.neunet.2014.09.003.

Sculley, D, G. Holt, D. Golovin, E. Davydov, T. Phillips, D. Ebner, V. Chaudhary, M. Young, J.-F. Crespo und D. Dennison (2015). »Hidden Technical Debt in Machine Learning Systems«. In: *Advances in Neural Information Processing Systems 28. NIPS 2015*. Hrsg. von C. Cortes, N. Lawrence, D. Lee, M. Sugiyama und R. Garnett. Red Hook, NY: Curran Associates, Inc, S. 2503–2511.

Searle, J. R. (1980). »Minds, brains, and programs«. In: *The Behavioral and Brain Sciences* 3.3, S. 417–424. https://doi.org/10.1017/S0140525X00005756.

Senyiğit, E. und U. Atici (2013). »Artificial neural network models for lot-sizing problem: a case study«. In: *Neural Computing and Applications* 22.6, S. 1039–1047. https://doi.org/10.1007/s00521-012-0863-z.

Senyiğit, E., M. Düğenci, M. E. Aydin und M. Zeydan (2013). »Heuristic-based neural networks for stochastic dynamic lot sizing problem«. In: *Applied Soft Computing* 13.3, S. 1332–1339. https://doi.org/10.1016/j.asoc.2012.02.026.

Shannon, C. E. (1948). »A mathematical theory of communication«. In: *The Bell System Technical Journal* 27.3, S. 379–423. https://doi.org/10.1002/j.1538-7305.1948.tb01338.x.

Silla, C. N. und A. A. Freitas (2011). »A survey of hierarchical classification across different application domains«. In: *Data Mining and Knowledge Discovery* 22, S. 31–72. https://doi.org/10.1007/s10618-010-0175-9.

Silver, E. A. und H. C. Meal (1969). »A simple modification of the EOQ for the case of a varying demand rate«. In: *Production and Inventory Management* 10.4, S. 51–55.

Silver, E. A. und H. C. Meal (1973). »A heuristic for selecting lot size quantities for the case of a deterministic time-varying demand rate and discrete opportunities for replenishment«. In: *Production and Inventory Management* 14.2, S. 64–74.

Smith-Miles, K. A. (2008). »Towards insightful algorithm selection for optimisation using meta-learning concepts«. In: *IEEE International Joint Conference on Neural Networks (IEEE World Congress on Computational Intelligence). IJCNN 2008*. Washington, DC, USA: IEEE, S. 4118–4124. https://doi.org/10.1109/IJCNN.2008.4634391.

Smith-Miles, K. A., J. van Hemert und X. Y. Lim (2010). »Understanding TSP Difficulty by Learning from Evolved Instances«. In: *Learning and Intelligent Optimization. LION 2010*. Hrsg. von C. Blum und R. Battiti. Lecture Notes in Computer Science 6073. Berlin, Heidelberg: Springer, S. 266–280. https://doi.org/10.1007/978-3-642-13800-3_29.

Solomon, M. M. (1987). »Algorithms for the Vehicle Routing and Scheduling Problems with Time Window Constraints«. In: *Operations Research* 35.2, S. 254–265. https://doi.org/10.1287/opre.35.2.254.

Srivastava, N., G. Hinton, A. Krizhevsky, I. Sutskever und R. Salakhutdinov (2014). »Dropout: A Simple Way to Prevent Neural Networks from Overfitting«. In: *Journal of Machine Learning Research* 15.56, S. 1929–1958.

Stammen-Hegener, C. (2002). *Simultane Losgr ö ßen- und Reihenfolgeplanung bei ein- und mehrstufiger Fertigung*. Wiesbaden: Deutscher Universitätsverlag.

Steven, M. (1994). *Hierarchische Produktionsplanung*. 2. Aufl. Heidelberg: Physica-Verlag.

Stützle, T. (2006). »Iterated local search for the quadratic assignment problem«. In: *European Journal of Operational Research* 174.3, S. 1519–1539. https://doi.org/10.1016/j.ejor.2005.01.066.

Suerie, C. (2005). *Time continuity in discrete time models: new approaches for production planning in process industries*. Lecture notes in economics and mathematical systems 552. Berlin Heidelberg: Springer.

Sutskever, I., J. Martens, G. Dahl und G. Hinton (2013). »On the importance of initialization and momentum in deep learning«. In: *Proceedings of the 30th International Conference on Machine Learning. ICML 2013*. Hrsg. von S. Dasgupta und D. McAllester. Proceedings of Machine Learning Research 28. Atlanta, Georgia, USA, S. 1139–1147.

Sutton, R. S. und A. Barto (2018). *Reinforcement learning: an introduction*. 2. Aufl. Adaptive computation and machine learning. Cambridge, London: The MIT Press.

Tempelmeier, H. (2006). *Material-Logistik: Modelle und Algorithmen f ü r die Produktionsplanung und -steuerung in Advanced Planning-Systemen*. 6. Aufl. Berlin, Heidelberg: Springer.

Tewari, A. und P. L. Bartlett (2007). »On the Consistency of Multiclass Classification Methods«. In: *Journal of Machine Learning Research* 8.36, S. 1007–1025.

Tibshirani, R. (1996). »Regression Shrinkage and Selection Via the Lasso«. In: *Journal of the Royal Statistical Society: Series B (Methodological)* 58.1, S. 267–288. https://doi.org/10.1111/j.2517-6161.1996.tb02080.x.

Trottier, L., P. Giguère und B. Chaib-draa (2017). »Parametric Exponential Linear Unit for Deep Convolutional Neural Networks«. In: *16th International Conference on Machine Learning and Applications. ICMLA 2017*. Washington, DC, USA: IEEE, S. 207–214. https://doi.org/10.1109/ICMLA.2017.00038.

Tukey, J. W. (1977). *Exploratory data analysis*. Addison-Wesley series in behavioral science. Reading, Mass: Addison-Wesley Pub. Co.

Turing, A. M. (2021). »Computing Machinery and Intelligence (1950)«. In: *Ideas That Created the Future*. Hrsg. von H. R. Lewis. Reprint. Cambridge, MA: The MIT Press, S. 147–164.

Van der Eecken, J., M. R. Lambrecht und J. P. Lindebrings (1975). *Selection of lot sizing procedures for the case of a deterministic time varying demand rate over a finite horizon.* Bedrijfseconomische Verhandeling, D.T.E.W., No. 7501.

van Nunen, J. und J. Wessels (1978). »Multi-item lot size determination and scheduling under capacity constraints«. In: *European Journal of Operational Research* 2.1, S. 36–41. https://doi.org/10.1016/0377-2217(78)90121-2.

Vens, C., J. Struyf, L. Schietgat, S. Džeroski und H. Blockeel (2008). »Decision trees for hierarchical multi-label classification«. In: *Machine Learning* 73.2, S. 185–214. https://doi.org/10.1007/s10994-008-5077-3.

Visentin, A., A. Gallchóir, J. Kärcher und H. Meyr (2024). »Explainable Algorithm Selection for the Capacitated Lot Sizing Problem«. In: *Integration of Constraint Programming, Artificial Intelligence, and Operations Research. CPAIOR 2024.* Hrsg. von B. Dilkina. Lecture Notes in Computer Science 14743. Cham: Springer, S. 243–252. https://doi.org/10.1007/978-3-031-60599-4_16.

Watkins, C. J. C. H. (1989). »Learning from Delayed Rewards«. Diss. University of Cambridge.

Watkins, C. J. C. H. und P. Dayan (1992). »Q-learning«. In: *Machine Learning* 8.3-4, S. 279–292. https://doi.org/10.1007/BF00992698.

Widrow, B und M. E. Hoff (1960). »Adaptive switching circuits«. In: *IRE WESCON Convention Record.* New York: IRE, S. 96–104.

Wilson, A. C., R. Roelofs, M. Stern, N. Srebro und B. Recht (2017). »The Marginal Value of Adaptive Gradient Methods in Machine Learning«. In: *Advances in Neural Information Processing Systems 30. NIPS 2017.* Hrsg. von I. Guyon, U. Von Luxburg, S. Bengio, H. Wallach, R. Fergus, S. Vishwanathan und R. Garnett. Red Hook, NY: Curran Associates, Inc, S. 4151–4161. https://doi.org/10.48550/arXiv.1705.08292.

Wong, J.-T., C.-T. Su und C.-H. Wang (2012). »Stochastic dynamic lot-sizing problem using bi-level programming base on artificial intelligence techniques«. In: *Applied Mathematical Modelling* 36.5, S. 2003–2016. https://doi.org/10.1016/j.apm.2011.08.017.

Wong, T.-T. (2015). »Performance evaluation of classification algorithms by k-fold and leave-one-out cross validation«. In: *Pattern Recognition* 48.9, S. 2839–2846. https://doi.org/10.1016/j.patcog.2015.03.009.

Wörbelauer, M. (2018). »Simultaneous lotsizing and scheduling – extensions and solution approaches«. Diss. Universität Hohenheim. URL: http://opus.uni-hohenheim.de/volltexte/2018/1468/ (besucht am 06. 10. 2023).

Zell, A. (1994). *Simulation neuronaler Netze.* Deutsch. 1. Aufl. Boston: Addison-Wesley.

Zennaki, M. und A. Ech-Cherif (2010). »A New Machine Learning based Approach for Tuning Metaheuristics for the Solution of Hard Combinatorial Optimization Problems«. In: *Journal of Applied Sciences* 10.18, S. 1991–2000. https://doi.org/10.3923/jas.2010.1991.2000.

Zheng, H., Z. Yang, W. Liu, J. Liang und Y. Li (2015). »Improving deep neural networks using softplus units«. In: *International Joint Conference on Neural Networks. IJCNN 2015.* Killarney, Ireland: IEEE, S. 1–4. https://doi.org/10.1109/IJCNN.2015.7280459.

Zwietering, P. J., M. J. A. L. van Kraaij, E. H. L. Aarts und J. Wessels (1991). *Neural Networks and Production Planning.* Memorandum COSOR 9115. Technische Universiteit Eindhoven.

Zäpfel, G. und J. Attmann (1979). »Losgrößenplanung: Lösungsverfahren für den dynamischen Fall bei beschränkten Kapazitäten und einstufiger Fertigung«. In: *Das Wirtschaftsstudium (WISU)* 12, S. 589–594.

FSC
www.fsc.org
MIX
Papier | Fördert
gute Waldnutzung
FSC® C083411

Kolibri 360 GmbH
Ferdinand-Jühlke-Straße 7
99095 Erfurt, Deutschland
produktsicherheit@kolibri360.de